引爆内在无比能量

吴 亮 著

中国财富出版社

图书在版编目（CIP）数据

引爆内在无比能量 / 吴亮著. —北京：中国财富出版社，2014.9
（华夏智库·金牌培训师书系）
ISBN 978-7-5047-5319-9

Ⅰ.①引… Ⅱ.①吴… Ⅲ.①成功心理—通俗读物 Ⅳ.①B848.4-49

中国版本图书馆 CIP 数据核字（2014）第 179863 号

策划编辑 刘淑娟　　责任印制 方朋远
责任编辑 刘淑娟　　责任校对 杨小静

出版发行 中国财富出版社
社　　址 北京市丰台区南四环西路 188 号 5 区 20 楼　　邮政编码 100070
电　　话 010-52227568（发行部）　　010-52227588 转 307（总编室）
　　　　 010-68589540（读者服务部）　　010-52227588 转 305（质检部）
网　　址 http://www.cfpress.com.cn
经　　销 新华书店
印　　刷 北京京都六环印刷厂
书　　号 ISBN 978-7-5047-5319-9/B·0402
开　　本 710mm×1000mm 1/16　　版　　次 2014 年 9 月第 1 版
印　　张 16　　印　　次 2014 年 9 月第 1 次印刷
字　　数 238 千字　　定　　价 35.00 元

自 序

如果有个人只有初中文化，没有任何家庭背景，换过二十几份工作，到最后不惜一切代价花四十几万元拼命向世界最顶尖大师学习，到现在不仅拥有自己的美容院，还是三家公司的股东，你们说，棒不棒？

如果有个人从极度自卑、忧郁，甚至自杀，到现在成为了一名心理辅导师，同时还是26家企业的顾问，你们说，棒不棒？

如果有个人在13年前一个月的工资是166元，而现在一场演讲就能赚几千元、上万元，你们说，棒不棒？

……

这个人就是我——吴亮。

我出生在湖北省一个非常贫穷的农村家庭，父母是地地道道的农民。他们像中国千百万普通农民一样，老实本分，勤奋辛苦。可是，在那个年代，不管他们如何努力，家里的生活依旧非常艰辛。

在家里，我是老二，上面还有一个比我大两岁的姐姐。家人把所有的希望都寄托在了我的身上，花钱供我上学。为了给我积攒学费，爸妈每天都会奔走于各乡里之间辛苦收废品，而姐姐小学没毕业就退学到镇上学裁缝了。可是，那时候的我并不喜欢学习，因此初一年级还没读完，就辍学踏入了社会，那一年我刚满13岁。

离开学校之后，我便来到了广西柳州寻找工作。找工作的过程是非常辛苦的，好在工夫不负有心人，有家工地让我做电焊工学徒，我高兴万分，因为这是我的第一份工作。可是，由于我是第一次出门，胆小老实，不仅受到很多人的欺负，还干了很多常人无法想象的苦力。

为了生存，从13岁到20岁我干过很多工作，比如，裁缝、流水线工人、餐厅服务员、摆地摊、推销日用品、做培训……我还像其他人那样，进行过两次独立创业，结果都失败了。

那段时间，是我人生的低谷期。面对现实的一切，我感到彷徨、无奈、抑郁，15岁那年我还自杀过两次。有段时间，总是感到莫名的暴躁、焦虑，家人甚至误认为我精神有问题。爸妈实在没有办法，便请来了道士到家里围着我作法烧符……由于担心我逃走，家人就把我关在了姑妈家顶楼的屋子里。在这个封闭的狭小空间里，我一待就是三个月，既不能出门，也没有人和我说话，整天都活在极度恐惧和绝望中。

可能对于我的遭遇，老天都看在了眼里，出于对我的怜悯，在我16岁的时候，让我遇到了自己生命中的救星——一张光碟。这是一张怎样的光碟呢！这张光碟彻底让我明白了：成功一定有方法，失败一定有原因。在这句话的激励下，我相信，自己的命运是可以改变的！后来，我便买了一本相关的书，时刻带在身边，随时翻看。从那以后，不管遇到什么艰难险阻，我都是坚持到底、永不放弃！因为，书里面的信念一直激励着我！

曾经有一段时间，我在外面流浪过，在深圳、广州等大城市，我睡过大街、公园、火车站，没吃、没住更是家常便饭。或许是由于自己受够了过去的一切，受够了在外流浪没有吃住的落魄生活，每当我的脑海中浮现出过去的种种画面时，就会拼命地努力向前。

我给自己定下了人生的目标，下定决心要改变自己。我疯狂地向顶尖大师学习，不仅学习了企业家成功的方法，了解了最新最顶尖的资讯；还拼命地改变自己的内在和外在，让自己融入了更高质量的人脉圈。

为了练习演讲，不管是在公交车上，还是在大马路上，我都会冥思苦想。每天，我只睡四五个小时，凌晨四点就起床，到公园练习演讲……直到现在，我都是四点多起床。我给自己定下了这样的规矩：早晚一个馒头，达成目标才能吃盒饭！一路走来，其中的酸楚只有自己知道。当一个人独处的时候，夜深人静之际，我都不知道流过多少泪水。

皇天不负有心人！在我 21 岁的时候，我赚到了人生的第一个 100 万元。我用全款在武汉买了一套房，并把辛勤劳作半辈子的父母接到了城里。通过学习顶尖老师的智慧和方法，我的人生发生了巨大改变。现在，我不仅拥有了两家公司还有自己的美容院，同时还是多家公司的股东，并被聘请为多家公司的顾问。

在不断成长的过程中，我总结出很多成功方法。运用这些方法，我终于成就了自己的今天！今天，人们都在努力着，可是很多人都是摸石头过河。为了帮助更多像我一样的人改变命运，我决定把爱传递给更多的人，将这些成功的方法告诉更多的人！

本书的内容，都是我亲身经历后的感言。不管是上面的故事，还是人生感悟，字字予人希望，句句发自肺腑。希望我的人生经验能够帮到你。

这是一本充满人生智慧的书，是一本成就自我的书。在每个人的身体里都蕴藏着无比巨大的潜能，空余时间的时候读读本书，定然能够引导你将这种潜能激发出来！当你将心中的能量引爆的时候，相信，你的生命定会更精彩！

如果你对今天的自己不满意，就来读读本书吧！

如果你对自己的人生之路感到迷茫，快来翻看本书吧！

本书适合任何一个不满现状、有志于提高自己的人！

吴 亮

2014 年 7 月

前　言

朋友，你的内心足够强大吗？

委屈——明明自己有能力将某件事做好，却因为紧张而搞砸。

焦虑——对自己没有信心，每时每刻都活在未知的恐慌中，缺乏安全感。

盲从——没主见，没立场，没原则，不会坚持自己内心的想法。

……

你的心中有什么，就能看到什么。生活中，任何一个人都会有缺憾和不如意，虽然我们无法改变这个事实，但可以改变自己的态度。内心脆弱，注定要受伤；只有拥有强大的内心，才能笑谈风云。要化解生命中的种种磨难，增强把握幸福的能力，就要做一个内心强大的强者！

人类的内心就像气球，内心强大的人伸缩的范围就大，内心弱小的人伸缩的范围就小。面对同样的挫折，内心强大者更容易淡定地去面对和处理。

有位伟大的哲人曾经说过：即使你拥有全世界的财富，也不如拥有一个强大的内心世界！虽然我们不一定会因为拥有名利地位而收获幸福，但一定会因为拥有了强大的内心世界而幸福满满。

财富、名利、地位，对于我们来说并不是最重要的，内心的强大才是真的强大！拥有什么样的内心，就拥有什么样的力量，就会出现什么样的行为。没有强大的内心，也就没有强大的人生！

本书内容深入浅出，为读者打开了一扇重新认识自己和他人的窗户。为了给读者以启迪，书中引用了大量的故事案例，娓娓道来，生动形象。

新时代的年轻人尤其需要让内心强大起来，增强把握幸福的能力，做一个淡定的强者！

吴　亮

2014 年 7 月

目 录

第一章

其实，生命可以更精彩

引 爆 内 在 无 比 能 量

你对自我的现状满意吗

不满足是向上的车轮。

——鲁迅

对自己的现状不满，对他人的现状不满，对社会的现状不满，在今天的社会中是一种普遍现象。心中有不满，就会聚集怨气，发泄出来，就成了愤青；不发泄出来，不仅会憋坏身体，还会影响做事的态度，从而影响做事的效果，以至于影响到自己的家庭和事业，甚至人生。

其实，我们的生命完全可以更加精彩！一个不安于现状，具有强烈进取精神的人，是不会被社会所淘汰，被人所遗忘的。好好思考一下，你对自我的现状满意吗?

90 岁高龄时，毕加索开始画一幅新的画，当时他对世界上的事物好像还是第一次看到一样，依然像年轻人一样生活着。他没有安于现状，而是经常会想办法寻找新的思路，并用新的表现手法将自己的艺术感受表达出来。

大多数画家在创造了一种适合于自己的绘画风格后，就不再改变追求了，当他们的作品得到人们的赞赏时更是这样。随着艺术家的年龄增长，他们的绘画风格就会固定下来。而毕加索却像一位终生没有找到特殊艺术风格的画家一样，总在千方百计地寻找完美的手法。

毕加索作画的时候，不仅用眼睛，还会用到思想。毕加索的画，有些色彩丰富、柔和美丽，有些用黑色勾画出鲜明的轮廓，显得难看、凶狠、古怪，可是这些画却启发了人们的想象力，让人们对世界的看法更深刻。

从毕加索的身上，我们可以学到他的那种不安于现状、朝气蓬勃、永不满足的精神，也只有具有这种精神的人，才能获得事业的成功和精神上的富有。如果小有成就就满足，是永远也无法攀登事业的高峰的，永远也无法取得骄人的成绩，只有保持谦虚谨慎的心态，才可能收获更多。

人们常说，态度决定一切，而态度又取决于你的认知。**认知改变了，态度就会改变；态度改变了，行为就会随之而变；行为改变了，结果就会不同；结果不同了，人生也就不一样了。**所以，明白自己为什么对现状不满，定然会对自己的未来之路有些许帮助。

坦率地说，对现状不满并不是什么坏事。只有对现状不满的人，才会有改变现状的动力，才会不断地努力奋斗和进步。生活充满了变化，安于现状的人生活基本上是单调的、枯燥的、乏味的。

如果有人问你：为什么不满现状？很多人都会想到“欲望”二字。欲望似乎是与生俱来的，而且永远得不到满足。不满现状是好事，表明你年轻、有理想、有活力。既然如此，就不要有怨气，心动不如行动，只有行动才能改变现实。如果你不满现状，那么要么采取措施改变现状，要么丢掉理想屈服于现实。

如果你年轻，遏制不住欲望的冲动，就要一直往前冲；等到经历太多、疲惫不堪，不再富于幻想的时候，看着现实自然也就顺眼了。即使有些人看着还不顺眼，可是看看自己年纪大了，也没多少时间改变现状了，也会认从了。

这个道理虽然简单易懂，可是过程却是漫长的。读万卷书虽然可以知道很多道理，可是只有在行完万里路之后，你才能深刻理解这些道理。**既然不满足于现状，就应该去主动追求些什么。用那些所谓的对比心来时刻激励自己，以此作为自己前进的动力，而不是等待上天赐予自己什么，只有付出了，才会有收获。**

空等，永远不会实现与得到什么，只有主动争取了，才可能获得什么。不要让自己一直习惯于无法去主动付出的心态。真正地去把那些地方修正一遍，自己对自己才会更满意。

你对现状满意吗？

现在的一切是你想要的吗？

你想要过什么样的生活？

想要成为什么样的人？

想要有什么样的成就？

你进行自我分析了吗？

你的人生终极目标是什么？

你是否有明确的目标？

你是否有合理的计划？

你是否做好了时间管理？

你是否找到了内在的使命？

你是否每天都充满动力？

你是否全力以赴？

你是否有足够的自信心与行动力？

究竟是谁决定了我们人生的色彩

人生最终的价值在于觉醒和思考的能力，而不只在于生存。

——亚里士多德

如果说牡丹注定是国色，红梅注定是天香，那么是否人的一生同样被冥冥中的命运所安排？如果说历史注定不会被更改，那么英雄们的征途是否同样不可更改？如果一切早已注定，人们又何必长夜无眠、辗转反侧、彷徨徘徊、无可奈何？

其实，我们依旧是潜心思索，执着追求。因为在内心深处有一个声音一直在提醒自己，上天并没有将我们的旅程安排好，**精彩的人生只会因为有自己的存在而更加精彩！也许西伯利亚的冷风决定了中华大地的雨水，月晦月朔决定了大地的潮汐，可是，自己的命运永远掌握在自己的手中。**

有时候我们悲悯封建社会的人们，因为他们的生活中没有民主，他们活在别人的恩赐之下，这样的生活有损于人的尊严。人是一个独立的个体，有自己的尊严、人格、理想，我们可以去追求自己的理想、实现自己的愿望。其实只要我们自己奋斗，所有的理想都会实现。**人生是一块等待涂抹的画布，只有自己才是最为专业的画家。**

有的人怨天尤人，觉得自己的一切都不如人，羡慕这个人的才华，爱慕那个人的容貌；希望自己有这个人的财富，有那个人的人脉关系，仿佛自己真的一无是处，生命暗淡得就像是白昼里的萤火虫，没有人会注意到自己的存在；生命的色彩如此平淡，没有耀眼的金光，也没有夺目的色彩。

面对现实中的这种差距，不免会把自己的不如意归罪于上天对自己的不公，把不好的品质赋予自己。经过了半日的抱怨，借着酒的威力发泄一番，睡一觉到第二天的时候，一切依旧是昨天的样子。我们所期盼的美好难道只是想象中的一种幻梦？

如此这般，我们也不会得到我们想要的生活，因为没有人能够决定我们的色彩，没有人能够左右我们的命运，也没有人能够给予我们自己想要的一切，而我们想要的一切都需要自己去争取。

不要太过于在意道听途说的宿命的言论，不要守株待兔空把时间浪费。每个人都有相同的时间，上天对我们十分公正。只要充分利用这些时间，就能够实现任何我们想要的理想，不要抱怨，不要犹豫，彷徨的日子其实是一种变相的自虐。

生命本有各种斑斓的姿态，所有的一切与我们的积极主动、勤劳勇敢的性格相配合，才能够体会到生命的美好；只有脚踏实地勤勤恳恳的奋斗，才能够体会到生命的尊严。

不要迷恋一夜暴富的神话，不要相信轻而易举的成功，真正的美好都是来自于自己的奋斗。奋斗决定了自己的姿态，而积极向上满怀热情就是自己生命的颜色。放下缥缈的幻想，抛弃虚无的虚荣，把自己的汗水与热情挥洒在自己梦想的天空，如此的生命注定色彩缤纷，没有人没有经过奋斗就能够实现想象的生活！

有一位年轻人，在童年的时候受过极大的打击，长大以后由于生活的挫折变得十分悲观，觉得自己的人生就是一次失败的实验。每次命运都会在正当他懈怠的时候，给予他鼓舞，也会在他正要成功的时候给他以打击。

经过多次的失败，年轻人对工作变得十分冷淡，对生活失去了兴趣，开始悲观厌世，消沉度日。有一天，他漫无目的地走在路上，迎面走来一对年轻的夫妇，看装束打扮像是农村人。

男人低着头走在女人的后面。女人边走边说："男子汉大丈夫，烟袋锅还有一点点钢呢，不蒸个馒头气，也要整个糠窝窝气，谁像你这样没有气性。咱们何必进城依靠你的姐姐，抬头低头都得看别人的脸色行事！咱们自己自力更生，立业生活，就算是清水白菜，也过得自在。更何况，生活的好坏是别人给不了的，要想活出生命的精彩就要自己努力奋斗，谁都靠不住。"

年轻人听了这一番话，无疑是当头棒喝。生命的色彩不是由别人决定的！多么朴素的话语，自己当时又为何没想到？顿时年轻人燃起了新的希望，把什么命运天注定等消极的思想抛到九霄云外，开始了新的征途。

经过了几年的奋斗，年轻人不但实现了曾经看起来是十分奢望的梦想，而且随着自己的进步，自己的思想境界又有了更加高远的见识。再回头想想自己当时悲观颓废觉得十分可笑，对自己当时认为命运的注定的认识，可叹又可悲。

成功只是属于奋斗，没有比这更加简单的道理。在实际的生活中，我们容易被事情的假象所迷惑，被自己一时的情绪所左右，觉得仿佛自己的一切已经被注定，自己所有的努力只是一个笑话。尤其是在自己坚持了很久后，彻底地被否定给自己造成的心理压力所打败。

可是只要是坚持不断地奋斗，成功定然降临到你的头上。因为生命的色彩只能由你自己去涂抹，生命的精彩也是由自己决定的。

其实，我们都拥有内在的无比巨大的能量

在命运的颠沛中，最可以看出人们的气节。

——莎士比亚

很多时候，我们都会惊讶于某些寻常的人，为什么突然做出令人震惊的事情。比如，一位看起来瘦弱的母亲为了解救被汽车压住的孩子，竟然自己一人把汽车抬了起来，而在平时，她想提一桶水都觉得吃力。人似乎有着不同寻常的力量潜伏在自己的身体之内，它会在某一个瞬间爆发出来，完成平时绝对完不成的事情。

很多时候，人的精神意志都会被物质所迷惑，慢慢忽略了自己内心深处不同寻常的潜力，反而觉得自己是一个十分平凡的人，只能渴望自己喜欢的事情，向往想要达到的成功，却不懂得激发自己的潜能去完成自己的梦想。

忽略了自己内心深处的力量，会觉得自己的生活根本没有想象中一帆风顺，在生活中总是到处碰壁。其实，怀着这样心理的人更容易放大痛苦，一旦遇到一点点挫折都会感到非常的沮丧。

有一个青年从小就热爱写作。在小学的时候，因为作文写得好常常受到老师的夸奖。可是由于家庭的贫困，他最终没有把书读下去。但是这个孩子没有放弃学习，他四处找书读，不断地写作。随着年龄的增长，他把读书写作的爱好转化到了创作的方向，也希望通过自己的文章能够赚一些钱来养家。

创作的道路十分艰辛，他投出去的一篇篇稿件犹如石沉大海，杳无音讯。渐渐地，他对写作淡漠了。可是渐渐老去的父母需要自己的照顾，他需要做更多的事情来赚钱养活父母。

这样的生活虽过得十分艰辛，但也十分充实。可是突然有一天母亲生了重病，医生说，这里的医院太小，去大医院看吧。辛辛苦苦到了大医院，人家一看，说需要很多钱。青年心中十分沉痛，只好带着母亲回家。每天看着母亲被病痛折磨得十分痛苦，他却没办法。

青年走投无路，被逼无奈，想起了自己唯一的技能就是写作。虽然母亲的病需要很多钱去治疗，可也不是一下就会要了命。最后，他下定决心，继续写作。母亲十分坚强，虽然被病魔折磨了一些日子，但依旧十分乐观，还时不时地鼓励自己的孩子。

寒暑不易，春去冬来，有一天，青年忽然接到了一笔稿费。接到钱的时候，青年有些仓促，被这骤然的惊喜弄得不知所措。茫然片刻之后，突然高兴无比。忙跑回家，告诉父母。

青年从辍学，到成为一名小说家，这样的事迹有些人会觉得十分罕见。总觉得，只有上了大学，学习文学专业的人才能够成为小说家。其实不然！**每个人的心中都蕴藏着无比巨大的能量，只要能够激发出来，就能够成就伟业**。可是，很多时候，我们都会忽略自己潜在的能量。

我们对自己的认识不够全面，要重新认识自己所具有的这种力量，要激发这种力量。可是激发的条件有一些苛刻，有时候需要生离，有时候需要死别。在关键的时刻，人总是能够释放出更大的能量，并不是谁赋予我们的，而是我们内心自己的力量。

人和人之间的平等不但体现在上天赋予我们的时间是一样的，还在于同样赋予了我们无比强大的力量。可是，这种力量蕴藏在每个人的内心深处，不会轻易表现出来，不会被轻易激发出来。

获得成功并不需要什么特别的因素，只要我们能够激发出身体内的潜力。生活中不要怨天尤人，颓废迷茫，可以设定自己的人生轨迹，可以追求自己的理想；同样，我们可以实现自己的理想，因为有无边的潜力蕴藏在我们的身体之内。

引爆内在无比的能量，就有更精彩的活法

找到生命的喜悦，享受幸福洋溢的充实人生。

——稻盛和夫

生活就是一个课堂，在这个课堂上，有的人得到了自己的快乐，有的人收获了自己的成功，但有的人却过得十分痛苦。我们究竟要从这个课堂上学习到什么样的知识，才能够避免生活中的枯燥单调，才能让生活变得十分有趣？

在平常的生活当中，我们总是怀着一种十分期待的心情，希望从中得到一些惊喜。面对生活的时候，究竟该用什么样的哲学指导自己，究竟该如何开始我们的人生？如何使得自己的生命在平凡的生活当中大放异彩，让以前卑微琐碎的生命变得十分积极？如何使生命力变得空前强壮而旺盛，过上健康快乐的生活，使自己的人生幸福美满？

人类的强大就在于潜意识中蕴藏着宛如宇宙般无穷无尽的巨大精神能量。**只要你愿意充满信心地去提高和挖掘自己，就一定可以找到可行的途径或方法实现这种惊人的改变，而这种神奇强大的力量正是源自你的内心。**

每个人本来就已经拥有很多，无须再去茫茫无际的外界苦苦找寻，唯一要做的就是立即去充分地了解它，进而真正学会并熟练运用它。只要我们能够全面认知这种非凡的能量，切实掌握它，使它深深地融入到自己的鲜活有力的生命中，成为有形自我和精神自我的无比坚固的一部分。如此，你就能一往无前、战无不胜、攻无不克，完完全全地把控自己人生的命运。

每个人在昨天、今天、明天都必然谱写出属于自己人生的或壮丽或灰暗的图景。在这之中，最重要的就是引爆内在无比的能量，紧紧抓住今天。当然，坦然面对昨天的种种经历与感悟，则是今天我们能够做出理性而正确选择的前提。

内心的力量是强大的！只要将它很好地发挥出来，就会感受到生活的无比精彩；只有发挥出来，才能够体会到生命的真正意义。

世界灿烂而多彩，生命亦是珍贵而美丽，但所有这些缤纷与绚丽是呈现给那些有准备去接受的人，这些人就是能够引爆内在能量的人。当我们激发了自己内在强大的能量的时候，我们才能够成为用心来感悟美丽人生的人！

慢慢深入地领悟这个世界，我们将会获得更多泉涌而来的感悟与自信，我们的生命也会因此变得更为深刻而丰富，充实而亮丽！

第二章

引爆内在无比能量从决定开始

引　爆　内　在　无　比　能　量

做一个决定及利用内在能量的人

人的价值是由自己决定的。

——卢梭

每个人身上都蕴藏着一股强有力的力量，它改变着人生的每一个层面。那股力量何在？如何去支配？唯有采取新的行动，才会产生新的结果。可是不管采取什么行动，在这之前，都得坚信：改变的力量源自决定。

虽然我们不能掌控人生中发生的各种事情，但是却可以决定怎么去想、去相信、去感受和去面对。生活中每一刻所作的决定，都会带来新的选择、新的行动乃至于新的结果，可是很多人却忘了自己拥有这样的决定能力。

不是我们所处的环境决定了我们的命运，而是我们所作的决定决定了我们的命运！你今天过什么样的日子，全是由过去的决定所决定的。今天，你决定要学什么或不学什么、要相信什么或不相信什么、要放弃什么或坚持什么、要和什么样的人结婚、要吃什么食物、要不要抽烟或喝酒、要成为什么样的人或做什么样的事……所有的这些决定都会掌控和主导你的人生。

这里有一个关于艾德·罗伯兹的故事：

艾德·罗伯兹终生都坐在轮椅上，可是就是这样一个“平凡人”却没有被这张椅子所限，做出了不平凡的事迹。

14岁的时候，罗伯兹得了一种怪病，造成自颈部以下瘫痪，从此每天靠呼吸设备维生。为了尽可能过正常人的生活，他不顾身子的不便，每晚都住在铁肺当中。有好几次差点死掉，可是他依然不顾身体的疼痛，决心要为其他同患解除痛苦。

为了改善患者的生活品质，在过去的十五年间，罗伯兹便跟这个不重视残障人士行动的世界对抗。罗伯兹不断对社会大众进行教育说服，引导人们重视残障人士的活动空间，于是便出现了轮椅的上下坡道、专用的停车位、扶手装置……所有的这一切，都使得残障人士行动更便利。

罗伯兹是第一位患有颈部以下瘫痪的行动不便的残障人士，他将自己的精力都放在了大部分相同患者所未留意之处，全力改造所处的不良环境。在这个过程中，他没有将肉体的残障视为不便，反倒当作了一项“挑战”，决心为同患创造出更舒适的生活品质，结果如愿以偿。

艾德·罗伯兹的故事有力地说明了一点，**人生并非取决于你所处的环境，而取决于你是否作出要改变的决定。**一个人的所有作为，都出于有力且由衷的决定！

人类的一切进步都始于一个新的决定，现在就作出决定吧！想一想，你要为自己的人生作出何种由衷的决定呢？你有哪些事一直耽延而未做呢？有哪些对你好而应该做的事呢？

或许你该作个戒烟或戒酒的决定，而以慢跑或读书来取代；

或许你该决定，每天早点起床并充满活力；

或许你得决定不责怪他人，每天拿出新的行动，让自己的人生变得更好。

你要不要作个决定，怎样显示出比别人更有价值的方法，以谋得一份新工作？

你要不要这样决定，好好去学一门新技能，为家人赚得更多的收入？

此刻请你作出两个决定，不管是做什么，但一定要履行。第一个决定可以简单些，这样你不仅容易达成，同时也可以增加信心，证明自己还可以作出更重要的决定。接下来，你再作出第二个决定，这需要你拿出更大的决心去履行，最好能激起你的干劲。

全新认识自我，改变自我才会改变人生

知人者智，自知者明。胜人者有力，自胜者强。

——老子

很多人都想让自己的人生过得完美一些，让自己获得一定的财富，让自己得到一定的地位，让他人瞧得起自己……可是，不可否认，绝大多数人的一生都是平凡的，虽然绝大多数人都有过美好的梦想。

究其原因，一个重要的原因是他们不能正确认识自己，不能改变自己。大量的事实告诉我们，要想让自己的人生发生改变，必须让自我发生改变，必须对自己有个全新的认识！

很久很久以前，一个国王到一个离王宫很远的地方去旅行。回来后，他不停地抱怨脚非常痛，因为他所走的碎石路异常崎岖。为此，愤怒的国王下诏，命令百姓用牛皮铺好每一条路。

这时候，一个大臣冒险进言："陛下，为什么不用一小块牛皮包在自己的脚上呢？"国王接受了大臣的建议，为自己做了一双牛皮鞋。于是，有人对此总结道："与其改变世界，不如改变自己。"

改变别人事倍功半，改变自己则事半功倍！与其一味地要求他人倒不如更多地反躬自问！用心珍惜，他人自然会有所感受。

虽然改变环境远比改变自己困难得多，但人们应当有勇气去努力。来到这个世界上的每一个人，都有着共同的使命，就是让自己所生存的世界

变得更加美好。当我们不再将眼睛盯着别人，而回到自己的心灵世界，将尘埃打扫干净时，就会给自己带来愉快，给他人带来愉快。

绝大多数人都想过更好的生活，但却不希望改变自己。可是天下没有免费的午餐，一分耕耘就会有一分收获，如果你希望获得大成就，就必须具备赢家的思考态度或行为规范。

机场，一个客人坐上了一辆出租车。这辆车里铺了羊毛地毯，地毯边上缀着鲜艳的花边；玻璃隔板上镶着名画的复制品，车窗一尘不染。客人惊讶地对司机说："我从来都没有乘坐过这么漂亮的出租车。""谢谢你的夸奖。"司机笑着回答。

客人接着问："你是怎么想到用这种方式来装饰你的出租车的？"司机回答说："车不是我的，是公司的。很多年以前，我在一家公司做清洁工，每辆出租车晚上回来时都像垃圾堆。地板上尽是烟蒂和垃圾，座位或车门把手甚至还会出现花生酱、口香糖之类的东西。我当时就想，如果出租车能够保持清洁，乘客也许会多为别人着想一点。"

司机顿了顿，接着说："领到出租车牌照后，我就按自己的想法把车收拾成了这样。每位乘客下车后，我都要查看一下，一定替下一位乘客把车整理得十分整洁。因此我的出租车回公司时仍然一尘不染。"

美国著名成功学专家卡耐基认为：漫漫人生当中，我们可能会遭遇一些不如意的事情，也许，每件事情都没有最差的情况，就看我们怎么去对待。这个世界总会有阴暗面，一缕阳光从天空照下来的时候，总有照不到的地方。如果我们的眼睛只盯在黑暗处，抱怨世界的黑暗，那么，我们将只会得到黑暗。

与其选择悲观抱怨，不如选择乐观积极，如果我们不能改变环境，至少可以改变自己对待事情的态度。在我们做了一个态度的选择后，其后的事情，往往就是我们心态的一个折射和延续。

生活就像是一道大餐，充满酸甜苦辣各种味道，吃什么都是自己的选择，没有人强行往我们的嘴里塞东西。选择什么，我们便得到什么滋味：选择积极得到开心，选择倒霉得到糟糕，选择消极得到失败……有什么样的态度，就决定了我们有什么样的人生。

心态是我们应对各种人生遭遇的态度反应，好的心态有助于成功，差的心态只能毁灭自己。为了实现蜕变，必须改变自己。

第一，必须在某些方面改善自己。如果你不改掉现在自身不积极的态度，将来也会重蹈覆辙；如果不进行彻底改变，悲哀的过去就会成为你未来的翻版。

第二，要相信改变的力量，可以用别人的成功事例来激励自己。

（1）利用他人的事例来激励自己。要形成这种态度："如果你能做到，那么我也行。"

（2）借鉴自己的经验。要养成这样一种态度："如果我曾经成功，那么这次也会成功！"把自己的想法和行为记录下来。几个星期或几个月之后，你可以回过头看看曾经记下来的东西——做过的大大小小的尝试和取得的进步。将这些内容总结成经验，就可以利用它们来给自己打气，长此以往自信心就会得到增强。

第三，从小处改变。

其实你可以在各个方面下决心，比如：减肥、戒烟、开始新工作或生意、摆脱负债、每天锻炼等。每经过短短的一段时间，你的自信心就会增强一点："我能行！我可以改变我的人生！"随着自信的增加，你就能做出一番改变。

在决定后立刻展开行动

我们的行动就是我们的最后审判人。

——梅雷迪思

小时候，学过一篇课文——《寒号鸟的故事》。故事情节大概是这样的：

在古老的原始森林里，生活着各种各样的鸟儿。寒号鸟长着漂亮的羽毛，拥有嘹亮的歌喉，整天只知道到处卖弄自己的羽毛和嗓子，看到别的鸟儿辛勤劳动，反而嘲笑不已。

好心的鸟儿提醒它说："快垒个窝吧！不然冬天来了怎么过呢？"可是寒号鸟却不屑一顾地说："冬天还早呢，着什么急！趁着今天大好时光，尽情地玩吧！"

就这样，日复一日，眨眼冬天就到了。鸟儿们晚上都躲在自己暖和的窝里安乐地休息，而寒号鸟却在寒风里冻得发抖，用美丽的歌喉悔恨哀叫："哆嗦嗦、哆嗦嗦……寒风冻死我，明天就垒窝。"

第二天，太阳出来了，万物苏醒了。沐浴在温暖的阳光中，寒号鸟完全忘记了昨天的痛苦，又快乐地歌唱起来。鸟儿劝它："快垒个窝吧，不然晚上又要挨冻了。"可是寒号鸟却嘲笑地说："不会享受的家伙！"

很快，夜晚又来临了，寒号鸟又重复着昨天晚上一样的故事。就这样重复了几个晚上，大雪突然降临，鸟儿们奇怪——寒号鸟怎么不发出叫声了呢？原来，寒号鸟早已被冻死了。

常常会听到人们说：还是老了再学习吧，趁着年轻，好好享受一下生活。可是，不及时把握今天，不立即采取行动，必然会像寒号鸟一样，终将冻死在明天。

只有今天才是我们生命中最重要的一天，只有今天才是我们生命中唯一可以把握的一天，只有今天才是我们可以用来超越对手的一天。

"一失人身，万劫不复"！这是我们每个人面临的最严峻的事实真相！很多人做事情的时候，经常会秉承"凡事等待明天"的想法，却不知这几个字是人生最昂贵的代价之一。"明日复明日，明日何其多。我生待明日，万事成蹉跎”！明天永远都不会来，因为来的时候已经是今天了。

在一所寺庙里，住着两个和尚，一个穷和尚和一个富和尚。一天，穷和尚对富和尚说：“我想去东海。”富和尚不敢相信自己的耳朵，不屑一顾地反问：“就凭你，也想去东海啊？”

穷和尚反问道：“我为什么不可以去东海？我自己有一只饭钵，足够了。”富和尚觉得穷和尚很可笑，反驳道：“去东海要做充足的准备才能实现。”

第二天，穷和尚就出发了，带着一个饭钵，一直向着自己梦想的东海行进。一路上他也遇到过困难，可是他没有因此而吓倒，没有因此而退缩，为着自己的梦想不断地前进着。一年后，他到达了梦想中的东海。多年以后，穷和尚已经成了一位得道高僧，而富和尚还是那个富和尚。

故事中，穷和尚坚信心中的梦想一定能够实现，他虽然没有充足的准备，却立即行动，这是他迈向成功的重要举动。

当我们想去做一件事情的时候，如果不马上行动，最后的结果一定是忘记了，或者当想起来的时候又失去了原来的热情和激情。对于成功人士来说，最重要的不是目标有多远，不是方法有多好，而是行动比别人早。只有行动，才能谈得上方法；只有行动，才能体现出一个人的毅力；也只有行动，才能实现我们的目标。

比尔·盖茨是个很了不起的人！他用精明的脑袋洞悉商业世界，用智慧去赚取财富，年纪轻轻就成了世界首富。他的许多名言让我们受益匪浅，他不仅告诉我们：“好的习惯是一笔财富，一旦你拥有了它，你就会终身受益。养成‘立即行动’的习惯，你的人生将变得更有意义。”还说：“凡是将应该做的事拖延而不立刻去做，而想留待将来再做的人总是弱者。”

生活中，我们在很多地方都会遇到十字路口，处处都有人生的选择题，我们不能为了选择目标而浪费宝贵的时间，应该马上行动，用实践去选择正确的道路。所以，很多时候，想到就去做！

哲学家塞涅卡曾说过：“时间的最大损失是拖延、期待和依赖将来。”如果决定要去做某件事，就要立刻动手。每天，都有应该做的事。今天的事是全新的，与昨天的事不同；而明天也有明天的事，要尽力做到“及时行动，绝不拖延”，千万不要拖延到明天！

只有通过行动，才能使方法得以体现，得以改进。行动是一个人自主性的体现，丧失了主体性和主动性，也就谈不上行动了。

不要把希望寄托在明天，希望永远都在今天，希望就在现在。

立即行动！只有行动才会让我们的梦想变成现实。

立即行动！只有大量的行动，才会让我们不断超越对手，超越自己！

学会在行动中调整自我

把语言化为行动，比把行动化为语言困难得多。

——高尔基

心态就是人们对待事物的一种态度，人活的就是一种心态。心态调整好了，骑着自行车也可以哼着小调；如果调整得不好，即使是开着奔驰也同样会发牢骚。

每个人的一生都有许多欲望，都希望自己钱挣多一点，事业顺一点，官做大一点，生活过好点………可是我们是人而不是神，不可能事事顺心，当这些欲望得不到满足时，我们又应该以什么样的心态去面对呢？

心态好的人**不以物喜，不以己悲，达观大度，坦然面对，知足常乐，生活过得轻松惬意，快乐幸福**；心态不好的人，一旦欲望得不到满足或遇到不顺心的事，就会牢骚满腹，怨气冲天。这是不利于正常的工作和生活的，而且会影响到身心健康，严重者还会毁了自己的一生。

有的人一味追求物质享受，尽管锦衣玉食、别墅轿车，但还是不能满足，贪污受贿，结果东窗事发，锒铛入狱，甚至丢掉性命。有的人看到别人进步了，自己未得到提拔任用，就闹情绪，消极沉沦，自暴自弃，结果耽误了自己的大好前程。

曾经有位哲人说得好："既然现实无法改变自己，那么唯有让自己改变现实。"改变自己就是调整好自己的心态。那么，怎样调整自己的心态？每个人都有一套属于自己的生活理念，有的人生活得很快乐，有的人却对生活出奇的失望，归根结底是心态的问题，要想引爆自己的内在能量，就要学会在行动中调整自己！

1. 让自己安静一下

把思维沉静下来，慢慢降低对事物的欲望。

把自我归零，每天都是新的起点，只要适当降低对事物的欲望，就会赢得更多的求胜机会。

2. 学会关爱自己

只有关爱自己，才能有更多的能量去关爱他人。

如果你有足够的能力，就要尽量帮助你能帮助的人，如此就能得到几分快乐。

帮助他人也是一种快乐，这也是一种减压的方式。

3. 冷静思考

心情烦躁的时候，喝一杯水，放一曲轻音乐，闭上眼睛，慢慢地回味身边的人和事，也是一种不错的休息方式，更是一种冷静的前进。

4. 多和自己竞争

我们没有必要嫉妒别人，也没有必要羡慕别人。

看到他人得到某种东西的时候，有些人就会羡慕别人，把自己当成旁观者。越是这样，越容易让自己掉进深渊。其实，只要你去做，你也可以的！

这个世界上没有什么不可能的，要多和自己竞争，为自己每一次的进步而开心。

5. 多看书

其实，看书就是一个给自己充电的过程。面对激烈的竞争，复杂的人际关系，为了让自己不至于在某些场合尴尬，可以多看书，充实一下自己的头脑。

6. 看得起自己

不管在什么条件下，自己都不能看不起自己，即使全世界的人都不相信你，看不起你，你也一定要相信自己。

如果你喜欢上了你自己，那么就会有更多的人喜欢你！

如果希望自己是什么样的人，只要努力去实现，你肯定会做到。

7. 尽量往好处想

很多人遇到事情的时候，就急得像热锅上的蚂蚁。本来问题很容易解决，可是因为情绪未把握好，让简单的事情复杂化，让复杂的事情更难。其实只要把握好事情的关键，尽量往好处想，也能将每个细节处理得游刃有余。

8. 珍惜身边的人

用语方面尽量不伤害别人，即使遇到不喜欢的人，也要尽量委婉，不要故意伤害对方。否则，不仅会破坏掉自己的心情，也会让场面更加尴尬。

找到改变自我的有效方式

经验可以使我们少走弯路，帮助我们成长。我们必须首先改变我们自己，消除一切不良因素，才能享受由成功带给我们的美好生活的乐趣。

——露丝·罗茜

不可否认，改变自我的意义是巨大的，可是如何才能改变自己呢？这就需要找到一些有效的方式方法。

一天，一个牧师正在准备讲道的稿子，儿子却在一边吵闹不休。牧师没有办法，随手拾起一本旧杂志，把色彩鲜艳的插图——一幅世界地图，撕成碎片，丢在地上，对儿子说道："如果你能拼好这张地图，我就给你2角5分钱。"

牧师以为，儿子完全将图拼好是需要一上午时间的，可是没过10分钟，儿子便回来了。牧师看到儿子如此之快地拼好了一幅世界地图，感到十分惊奇："孩子，你怎么这么快就拼好了地图？"

"啊，"小约翰说，"这很容易。在另一面有一个人的照片，把这个人的照片拼到一起，然后把它翻过来，不就行了！我觉得，如果这个人是正确的，那么这幅世界地图也就是正确的。"

牧师微笑着给了儿子2角5分钱。

上述故事启示我们：如果想改变自己的世界，改变自己的生活，首先应改变自己。如果你的心理态度是积极的，你的生活也会是快乐的；**如果你的心理态度是消极的，你的生活也会是忧伤的。**

改变自己是可以的，关键在于自己的决心，自己的毅力！当今社会竞争日益激烈，我们既不能改变环境，也无力改变他人，只有严格要求自己，一点点地改变自己。

只有积极改变自己，才能更好地在社会上生存，更好地适应不断发展、不断进步的社会。我们需要在不断的改变中一步步地完善自我，这是一个战胜自我的过程，需要我们拥有脚踏实地的精神。

从现在开始做起，用自己的一生去实践，努力监督好自己，改变自己，最终受益的还是我们自己。要想改变自己，就要从以下方面做起：

（1）说话不要有攻击性，不要有杀伤力；不夸己能，不扬人恶，化敌为友。

（2）一个常常看到别人缺点的人，自己本身就不够好，要多看看他人的长处和优点。

（3）是非天天有，不听自然无，让自己远离是非。

（4）要想克服对死亡的恐惧，就要接受世上所有的人都会死去的观念。

（5）诚实地面对你内心的矛盾和污点，不要欺骗你自己。

（6）因果不曾亏欠过我们什么，所以不要抱怨。

（7）即使有很多优点，也要隐藏几分。

（8）不要将自己的生命浪费在一定会后悔的事情上。

（9）不要一直不满人家，应该一直检讨自己。

（10）要包容那些意见跟你不同的人，这样日子会比较好过。

（11）如果不能从内心去原谅别人，就永远不会心安理得。

（12）毁灭人只要一句话，培植一个人却要千句话，多口下留情。

（13）劝告别人时，若不顾及别人的自尊心，再好的言语都是没有用的。

（14）不要在你的智慧中夹杂傲慢，不要使你的谦虚心缺乏智慧。

（15）永远不要浪费你的一分一秒，去想任何你不喜欢的人。

（16）创造机会的人是勇者，等待机会的人是愚者。

（17）能说不能做，不是真智慧。

（18）多用心倾听别人怎么说，不要急着表达自己的看法。

（19）多一分心力去注意别人，就少一分心力去反省自己。

（20）自以为拥有财富的人，其实是被财富所拥有。

（21）放下情执，你才能得到自在。

（22）不要太肯定自己的看法，这样会少一些后悔。

（23）用伤害别人的手段来掩饰自己缺点的人，是可耻的。

（24）言语不正的人，不能算是一位五官端正的人。

第三章

引爆无比能量的触发点——改变神经系统条件

引 爆 内 在 无 比 能 量

控制我们生活的主要力量

航海远行的人，必先定个目的地，中途的指针，只是指着这个方向走，才能有达到目的地的一天。

——李大钊

我们在生活中所做的任何事，都是缘于我们想要避免痛苦的原始需求以及追求快乐的欲望：两者都是以生理上的需求为导向的，而且构成了控制个人生活的主要力量。

人的一生中，每个人都曾沐浴幸福和快乐，也会历经坎坷和挫折。幸福快乐时，我们总是感觉时间短暂；而痛苦难过时，我们却抱怨度日如年。幸福和痛苦本来就是一对孪生兄弟，上帝是公平的，痛苦往往与幸福相伴而生。会享受幸福，也要学会享受痛苦，享受幸福会增加你的成就感，享受痛苦则会提高你的自信心和忍耐力。身陷痛苦的囹圄，你的心灵颤抖了吗？地处绝望的深渊时，你坚持了吗？这就要看你有没有坚定的信念和意志力。

当我们遇到坎坷、挫折时，不要悲观失望，不要长吁短叹，不要停滞不前，要把它作为人生中的一次历练，把它看成是一种人生成长中的常态，谱写出自己的人生精彩。

人生必有坎坷和挫折！挫折是成功的先导，不怕挫折比渴望成功更可贵。

《淮南子·人间训》中有这样一个故事：

在边塞，有一位老人。一天，他家的马跑到胡人那里去了，大家都来安慰他。老人却说："你怎么就知道这不是一件好事呢？"几个月之后，他家的马带领着一匹胡人的骏马回来了，大家都来祝贺他。老人却说："你怎么就知道这不是一个祸患呢？"

老人的儿子喜欢骑马，有一次从马上摔下来，结果折断了大腿。大家都来安慰他，这个老人又说："这怎么就知道不是一件好事呢？"过了一年，胡人大举侵入边塞，壮年男子都拿起弓箭参战，靠近边塞的人绝大部分都因战争而死去，唯独他的儿子因为腿摔断了而免于征战，父子得以双双保全性命。

"塞翁失马"的故事在民间流传了千百年，它告诉我们，不管遇到福还是祸，都要调整自己的心态，要超越时间和空间去观察问题，要考虑到事物有可能出现的极端变化。这样，不管福事变祸事，还是祸事变福事，你都会具有足够的心理承受能力。

塞翁失马，焉知非福？碰到挫折，不要畏惧、厌恶，从某方面来说，挫折对我们来说也是一件历练意志的好事。唯有挫折与困境，才能使一个人变得坚强。

挫折足以燃起一个人的热情，唤醒一个人的潜力，使他达到成功。有本领、有骨气的人，能将"失望"变为"动力"，能将烦恼的沙砾化为珍珠。不经历风雨，怎能见彩虹？没有失败的人生绝不是完美的人生。当你战胜失败的时候，也会对成功有着更深一层的感悟。在这样一次次的感悟中，你也会走出一个完美的人生。

真正有成就的人，都是在经历了失败和挫折之后才取得辉煌成就的。漫长的人生中，谁也不可能一帆风顺，谁都会经历挫折和坎坷。被挫折历练后的人总是更顽强、更成熟、更加勇敢，也就能看到近在咫尺的成功，能够离成功更近一步。

没有经历过挫折的人，体会不到成功的喜悦；没有经历过挫折的人生，不是完美的人生。挫折不但可以使人生积累经验，还可以使人生得到不断的升华，所以我们更应该正视挫折，珍爱生命。

生命是自己的，前程是自己的，幸福也是自己的。正确认识挫折的客观性和优越性，变挫折为力量，战胜生活中的挫折与坎坷，把宝贵的生命用于为祖国做贡献……

人生中，快乐带给我们愉悦，痛苦只能带给我们回味。在人的一生中，真正的快乐，我们很难想起，但痛苦却往往难以忘记。既然痛苦不可避免，我们又无法抗拒，为什么不学会面带微笑迎接痛苦的来临呢？

时间会告诉过去，痛苦也能告别回忆。生活恬淡、心境平静是一种极致的朴素美，如果在这种美上再加上享受，就会锦上添花，美上更美。学会接受，学会忍受，学会享受，学会宽容，学会慈爱，学会珍惜，这样将会使你的人生更加光彩照人。

什么是神经系统联想

一个人的价值，应该看他贡献什么，而不应当看他取得什么。

——爱因斯坦

神经联想科学，是在挫折中所发展出来的。人脑就像电脑一样，你给它输入怎样的程序，它就会输出怎样的结果。而控制人脑的程序，就是神经系统对外界事物所产生的各种各样的联想和信念。

人的神经系统，是通过神经联想和信念而工作的。为什么有的人害怕陌生拜访？因为他把陌生拜访跟“遭受到拒绝、冷眼”等痛苦联想在一起。相反，有的人喜欢陌生拜访，因为他把陌生拜访跟“可能会遇到一位谈得来的朋友或成交生意”等快乐联想在一起。

不同的联想会带给你不同的行动，不同的行动会创造出不同的结果。因此，要改变结果，必须先改变你对事物所产生的联想和由此而引发的信念。如果你认为成功很难，你就会很苦恼，就会选择逃避或放弃；如果你认为成功很简单，就没有了任何心理障碍，没有了过多的杂念和心理压力，努力争取成功。

信念是阶梯，引领人走向成功的殿堂。记得曾读过这样一个故事：

沙漠里，一支探险队伍没有了水，在他们口渴如焚的时候，队长拿出了一壶水，并说：“还有一壶水，可是在走出沙漠前，谁也不能喝！”

队员们的心中燃起了希望的圣火，终于他们走出了沙漠。当他们相拥而泣时，想起了那壶水。拧开壶盖，从中汩汩流出的，却是满满一壶沙。

的确，信念是人们心中一块永恒的石碑，沉沉的，树立在人们心中，永远不会倒塌。

美国纽约州黑人州长罗杰·罗尔斯在就职演讲中有一段话：“信念值多少钱？信念不值钱，它有时甚至是一个善意的欺骗。可是，一旦你坚持了下来，它就会迅速升值。”

原来，罗杰上学的时候不喜欢与老师合作，但很迷信。校长就给他看手相，说他将来会是纽约州的州长。从那天起，纽约州州长就像一面旗帜，伴随了他40年。51岁那年，他如愿以偿。

罗曼·罗兰曾说过，人生最可怕的敌人就是没有坚强的信念。人生的道路固然布满荆棘，充满坎坷，但只要有坚定的信念，就会看到希望，见到曙光。即使前方的风浪再大，道路再艰难，也会执着追求，无怨无悔。

信念是一支火把，它能最大限度地燃烧一个人的潜能，指引他飞向梦想的天空。

因为信念，司马迁才写下了千古流传的《史记》；因为信念，贝多芬才发出了“我要扼住命运的喉咙”的呐喊；因为信念，霍去病才会留下

“匈奴未灭，何以家为”的千古绝唱……

古往今来，历史的轨迹告诉我们，信念是成功的种子，只有用汗水与艰辛去浇灌它，才能使它开花结果。

有一种力量能让嫩绿的小草顶开头上的巨大石块，只为迎接生命里的第一缕阳光；

有一种力量能让平凡的蚕蛹挣脱茧的束缚，只为开始生命中的第一次飞翔；

有一种力量能让生命短暂的夏蝉蜕壳歌唱整个夏天，只为创造生命中的第一次辉煌；

……

这种力量，响彻大地，它便是——信念。

信念，是助我们征服惊涛骇浪的舟，引领我们乘风破浪，迎接光明的未来。

情绪、行为与行动力

行动，只有行动，才能决定价值。

——约翰·菲希特

人们要的是什么，你又如何得到？答案是：调整情绪、行为和行动力。

心动不如行动！当你为自己确立了发展的目标后，就要立即采取行动为实现自己的理想去努力，不要有任何的犹豫，更不能拖拉偷懒。如果不去行动，目标只能存在虚幻中，永远也变不成现实。

一天，一个以色列人和一个美国人一同搭船到异国闯天下，他们下了码头后，看着海上的豪华游艇从面前缓缓而过，两人都非常羡慕。

以色列人对美国人说：“如果有一天我也能拥有这么一艘船，那该有多好。”美国人也点头表示同意。

吃午饭的时间到了，他们都觉得肚子有些饿了，两人四处看了看，发现有一个快餐车旁围了好多人，生意似乎不错。以色列人就对美国人说：“我们不如也来做快餐的生意吧！”

美国人说：“嗯！这主意似乎是不错。可是你看旁边的咖啡厅生意也很好，不如再看看吧！”两人没有统一意见，于是决定各奔东西。

握手言别后，以色列人马上选择了一个不错的地点，把所有的钱拿来投资做快餐。经过8年的努力，他拥有了很多家快餐连锁店，积累了一大笔钱财，为自己买了一艘游艇，实现了自己的愿望。

有一天，他驾着游艇出去游玩，发现一个衣衫褴褛的男子从远处走来，那人就是当年与他一起闯天下的美国人马克。他兴奋地问马克：“这8年你都在做些什么？”马克回答说：“8年间，我每时每刻都在想：我到底该做什么呢？”

人有时候就是这样，当自己面对一件该做的事，明明不想做它，却偏偏找出一个动听的理由来为自己辩护一番。充其量，也不过是维持一种心理平衡而已。

其实，**没有做成、没有了结的事，如果一直积压着，天长日久会让你感到许多事压在身上，你会越来越觉得活得沉重**！要干就动手干吧，不要再为自己找什么借口。

如果你有一个梦想，或者决定做一件事，就应该立刻行动起来。要知道，100次心动不如一次行动，一个实干者胜过100个空想家。

有一个人，天资聪颖，才华过人，不管什么都一学就会，所以他梦想有朝一日成为无所不能的奇人。他感到自己潜力无限，任何事情只要他下定决心去做就一定能够做好。但是，做出这样的决定是非常艰难的。

正当他踌躇的时候，不知不觉上了学，毕了业，找到了一份工作，结了婚。他不屑将才智用在仅为糊口而干的工作上，老想着自己能够成就一番事业，可是并没有行动。时光飞逝，他日渐衰老，一些吃青春饭的工作他不能做了。他坚定不移地认为，他有巨大的了不起的潜力。

一天，上班的时候，他忽然感到胸闷，便早早回到了家。他虚弱无力地走进了卫生间，想用凉水洗脸，却抬头看到了镜子。镜子里的那个人双鬓泛白，满脸皱纹，皮肤松弛，眼神疲惫，他忽然明白了一个简单的道理。然而，就在他醒悟的那一刻，他胸口剧烈的疼痛，随即心脏停止了跳动。

这个人死了，他的多种潜能也就随着去了。如果他早做出决定，肯定会在某个领域做出非凡伟绩，这些伟绩会超越时代，影响一代又一代人。然而，他就这样走了，多么可惜！

许多人的一生自以为聪明过人，才华出众，如果不是因为这样那样的原因，肯定会做出一番惊天动地的伟业，其实这种想法只是一种自欺欺人的幻觉而已。每个人，只要身体健康，智商正常，没有身陷战争或自然灾难之中，就可以在很多事情上大有作为，而成败的关键并不只在于我们的天赋，更在于我们做了没有。

有天赋不去行动，等于没有天赋。不管你相信不相信，若你一事无成，是因为你没有去做！

光有远大的理想是不行的，还要付诸行动，否则理想就是空想。在理想的实现上，成功者的共性是，一旦锁定目标，就马上行动，不断拼搏，不达目标誓不罢休。

真正的改变，其实是神经系统联想方式的改变

一切变化，都是值得思考的奇迹，每一刹那发生的事都可以是奇迹。

——梭罗

懒惰平庸的人往往不是不动手脚，而是没有改变自己的神经系统联想方式，这种习惯制约了他们摆脱困境的时机。相反，那些成大事者都改变了自己的神经系统联想方式，善于发现问题、解决问题，不让问题成为人生的难题。可以说，任何一个有意义的构想和计划都是出自神经系统联想方式的改变，而且这种改变越大，收益就会越大。

故事一：

在古希腊有一个佛里几亚国王葛第士，他用一种非常奇妙的方法，在战车的轭上打了一串结。他预言：谁能打开这个结，谁就可以征服亚洲。可是，一直到公元前334年还没有一个人能将绳结打开。

这时，亚历山大率军入侵小亚细亚，他来到葛第士绳结前，不加考虑便拔剑砍断了它。后来，他果然一举占领了比希腊大50倍的波斯帝国。

故事二：

一个孩子在山里割草，不小心被毒蛇咬伤了脚。孩子疼痛难忍，而医院在远处的小镇上。孩子毫不犹豫地用镰刀割断了受伤的脚趾，忍着剧痛艰难地走到医院。虽然缺少了一个脚趾，但孩子却以短暂的疼痛保住了自己的生命。

故事三：

一位年轻人到一家餐馆应聘，老板问："在人群密集的餐厅里，如果你发现手上的托盘不稳即将要跌落，怎么办?"许多应征者都答非所问。这个年轻人答道："如果四周都是客人，我就要尽全力把托盘倒向自己。"最后，这位年轻人成大事了。

亚历山大果断地剑砍绳结，说明他舍弃了传统的神经系统联想方式；小孩果断地舍弃脚趾，以短痛换取了生命；年轻人果断地把即将倾倒的托盘投向自己，才保证了顾客的利益。在某个特定的时刻，你只有敢于改变，才有机会获得更长远的利益。即使遭受难以避免的挫折，你也要选择最佳的失败方式。

正确改变神经系统联想方式往往蕴含于取舍之间，因为不这样做，就那样做。不少人看似素质很高，但他们因为难以舍弃眼前的蝇头小利，而忽视了更长远的目标。成大事者有时仅仅在于抓住了一两次别人忽视了的机遇，而机遇的获取关键在于你是否能够在人生道路上进行果断的改变。

所有计划、目标和成就，都是神经系统联想方式的产物。你的神经系统联想能力，是你唯一能完全控制的东西，你可以以智慧或是以愚蠢的方式运用你的神经系统联想方式，但无论如何运用它，它都会显示出一定的力量。

没有正确的神经系统联想方式，是不会克服习惯的，如果你不学习正确的神经系统联想方式，是绝对防止不了挫折的。

第四章

改变感受，改变心境

引 爆 内 在 无 比 能 量

千万不要沦为情绪的俘虏

能控制好自己情绪的人，比能拿下一座城池的将军更伟大。

——拿破仑

在工作和生活中，任何一个人都难免出现各种负面情绪，这些负面情绪往往还会传染给别人。在情绪恶劣的时候，有的人会痛哭一场，有的人会疯狂购物，有的人会借酒浇愁……可是很少有人发现，自己已经成了情绪的奴隶。其实，**情绪完全是可以管理的**！

李海的上司喜欢抢他人的工作业绩，当面一套背后一套，喜欢在领导面前说别人坏话。下属都知道上司的这个“特点”，可是，上面的大老板却不知道。

李海的压力很大，工作不开心，抱怨、混日子、不干活。回到家也没有什么好心情，家人不能说错话，不能招惹他，遇火就着。李海每天思考的问题就是：我怎么对付这个人？我要提防他什么？天下怎么有这样的人？

经过一段时间的自我折磨，李海打算离开公司，可是又不甘心。最后只好找了自己的好朋友来倾诉。朋友听了他的诉说之后，问了他一串问题：“你想要什么？你还有哪些选择？你能学到什么？你能得到什么而不是失去什么？想把你的上级搬倒吗？”接着，朋友继续说：“工作不是给别人做的，活着也不是给别人看的。”

李海大有收获，问题一变，所有的压力和坏情绪全都不见了。接着，他便积极学习、工作，一年后，李海的业务能力大增，跳槽到了另外一家公司担任北方区总经理。

一定要记住，我们改变不了天气，却可以改变自己；我们无法改变别人，却可以改变自己。输入自我控制意识是开始驾驭自己的关键一步。

要改变一下对身处逆境的态度，用开放性的语气对自己坚定地说："我一定能走出情绪的低谷，现在就让我来试一试。"这样，你的自主性就会被启动，沿着它走下去就会成为自己情绪的主人。

一位经理早上出门之前和太太吵了一架，心情非常糟糕。到了办公室，他就把主管叫过来，冲他发了一顿脾气。

主管莫名其妙地被经理骂了一通，心里很不痛快，于是就把前台小姐骂了一通。

前台小姐想找个人发泄一下，回到家之后，看到儿子在家里面玩，于是就骂儿子是个淘气包，把屋子弄得乱七八糟、乌烟瘴气的。

这时候，正好家里的小猫走了过来，儿子便狠狠地踢了它一脚。结果，小猫当场毙命！

如果你是其中一位，你是否想过自己不经意的一个行为给别人带来的影响？要做一个坏情绪的终结者，时刻提醒自己，不要让坏情绪影响你的生活和生活中的人。

在荷兰阿姆斯特丹，有一座15世纪的寺院，寺院的废墟里有一个石碑，石碑上刻着："既已成为事实，只能如此。"天有不测风云，人有旦夕祸福。人活在世上，难免要遇上几次灾难或许多难以改变的事情，有些事是可以抗拒的，有些事是无法抗拒的，可是既已成为事实，你只能接受它、适应它，否则忧闷、悲伤、焦虑、失眠就会接踵而来。

遇上灾难的时候，情绪自然会受到影响，所以一定要操纵好情绪的转换器。情绪的低落，不仅会对我们的生活造成影响，还会影响日常的工作学习。当你感觉自己正在被一些问题所困扰时，不妨试着照下面的方法去做，也许对你会有所帮助。

1. 确定几件你认为一生中最有价值的事情，专心去做

当一个人处于低潮时，往往对任何事情都提不起兴趣，总是想着那些伤心的事情。所以，要想摆脱这种情绪，首先就要将自己的注意力转移开来，不要总是去想这些问题。

2. 如果事实不能改变，就全心地接受它

有时候，一些事情是人们无法改变的。既然已经成为事实，不要总想着如何再让它变为虚无，要学会面对现实。任何一个人都不可能改变全世界，任何事物都不会因你而改变，要学会适应这个世界。

3. 生活要简单而有情趣

不要总是对现在的生活不满，不要总是和别人去攀比。你的生活，应该有你的精彩。有时候，大把的票子推到你的面前，你也不见得会获得幸福；简单而有趣的生活，更容易让你体会到满足和快乐。

4. 不斤斤计较，懂得原谅别人

人总有犯错误的时候，不要过于苛刻。宽容是一种美德，是对犯错误的人的救赎，也是对自己心灵的升华。对于一些人，原谅远比惩罚有效得多。

5. 若要改变别人，先试着改变自己

不要总是认为江山易改，本性难移。有时候，只要有信心，人是可以改变的。如果习惯于严于律人，宽以待己，会让对方伤心失望。

6. 确信任何痛苦和逆境都是有意义的

人生不如意事十有八九。人的一生会遇到很多痛苦，这是无法避免的。痛苦虽然可以让人颓废，但是也能够激发起一个人的斗志，更可以磨炼人的意志，对于我们来说是有意义的。

7. 不要求全，部分的美也是美

追求完美的人生，是每个人的梦想。可是，每个人都有缺点，每件事都会有不足。看人看事，要先看到其美好的一面。如果把目光盯在丑恶的方面，你永远都找不到快乐。

8. 不要让毁灭的情绪盘踞心头

人都是有恶念的，不必为自己有这种恶念而恐慌。关键是要能控制住自己的恶念，让它不去左右自己的行为。恶念不可怕，只要运用得当，反而还可以帮人疏导压力。

9. 对引起你某种不良情绪的刺激作不同的解释

对一件事，因时间的改变会有不同。当时对你来说很痛苦的一件事，一段时间之后也许会有另一番见地。尝试从不同的角度看问题，就会发现，痛苦并不像你想象的那样真实。

10. 不强求、不追悔，凡事顺其自然

既然选择了，就不要后悔。只要自己尽力了，其他的一切就顺其自然。有些事只要自己努力去做了，收获是水到渠成的。不要总是想着自己会得到什么样的结果，用心去欣赏自己努力的过程，才是最重要的。

11. 真正的快乐源自内心

不要把自己的快乐建立在别人的痛苦之上，那样的快乐不会长久，很

快就会被无边的痛苦所取代。真正的快乐，是发自内心的。

你的心境决定你的行为举止与外在表现

乐观主义者总是想象自己实现了目标的情景。

——西尼加

同样的一件事情，从不同的角度看，会有不同的效果。面对同一扇打开的窗子，有的人会欣喜地呼吸新鲜的空气，有的人则皱着眉头捶胸顿足。

每一个人的人生际遇不尽相同，但命运对每一个人都是公平的。如果我们能够保持一种健康向上的心境，即使我们身处逆境，也一定会有“山重水复疑无路，柳暗花明又一村”的那一天！

很久以前，一位心理学家做了这样一个试验：

心理学家让10个人同时穿过一间黑暗的屋子。在他的引导下，10个人都成功地穿过了黑屋子。之后，心理学家打开屋内一盏昏暗的灯，10个人都惊出了一身冷汗。原来，屋子的地面竟是一个大水池，十几条大鳄鱼在里面游走，水池上搭着窄窄的一个独木桥。刚才，他们就是从这个独木桥上走过来的。

心理学家问：“有谁愿意第二次穿过这间屋子呢?”没有人回答。过了一段时间，甲、乙、丙三个胆大的人站了出来。甲小心翼翼地走了过去，速度比第一次慢了很多；乙颤颤巍巍地踏上独木桥，走到一半时，只好趴在桥上爬了过去；丙刚走几步就不敢向前移动半步了。

这时，心理学家打开了屋内所有的灯，屋里变得通明。大家看见，桥的下方装有一张安全网，由于网线颜色极浅，所以刚才大家根本没有看见。心理学家问：“现在，谁愿意通过这座独木桥呢?”剩下的人中有5个人站了出来。

心理学家走到剩下的两个人跟前，问：“你们为什么不愿意呢？”

“这张安全网牢固吗？”两个人异口同声地反问道。

……

这个试验说明：很多时候，成功就像通过这座独木桥一样，失败往往不是因为力量薄弱或智力低下，而是被周围环境所威慑，很多人失去了平静的心态，故而慌了手脚、乱了方寸。面对困难险境，只有保持平静的心态，抱着“没有过不去的坎”的决心，才能最终到达胜利的彼岸。

有一种阅读，不一定惊人，却让你情不自禁、凝神静听，让自己接受一次心灵的洗礼。**心境决定了我们所说的话，所产生的行为，对别人的态度，所做的决定，换句话说，心境决定一切。**

有这样一个故事：

一头驴子掉进了一口枯井，它哀怜地叫喊求救，期待主人把它救出来。驴子的主人召集了很多亲邻出谋划策，还是想不出好的办法搭救驴子。大家最终认定，反正驴子已经老了，况且这口枯井早晚也是要填上的。于是人们拿起铲子，开始填井。

当第一铲土壤落到枯井时，驴子叫得更恐怖了，它显然明白了主人的意图。当又一铲土壤落到枯井中，驴子出乎意料地安静了。人们发现，此后每一铲土壤落到它背上的时候，驴子没有哀叫求助和一味地抱怨主人，而是冷静地在做一件令人惊奇的事情——努力抖落背上的土壤，踩在脚下，把自己垫高一点。

人们不断把土壤往枯井里铲，驴子随之不停地抖落身上的土，使自己再升高一点。就这样，驴子慢慢地升到了枯井口，在旁人惊奇的目光中，潇洒地走出了枯井。

面对困境时，心境是决定我们成功或失败的关键。因此，面对困境和挫折，以乐观的心态应对，并运用自己的聪明，通过自己的行动来改变现实，才是真正明智的做法。所以，当我们陷入困境时，及时转变观念，以积极心态面对，就能寻求到自救的办法。

人的一生，就像一趟旅行，沿途中有数不尽的坎坷泥泞，但也有看不完的春花秋月。如果我们的心总是被灰暗的风尘所覆盖，干涸了心泉、黯淡了目光、失去了生机、丧失了斗志，人生轨迹必然暗淡无光！

悲观失望者一时的呻吟与哀号，虽然能得到短暂的同情怜悯，但换来的却是别人的鄙夷和厌烦；而乐观上进的人，经过长久的忍耐与奋争，努力与开拓，最终赢得的将不仅仅是鲜花与掌声，还有那些饱含敬意的目光。

爱默生说：“一个朝着自己目标永远前进的人，整个世界都会给他让路。”或许我们无法改变人生，但我们至少可以改变我们的人生观；或许我们无法改变风向，但我们至少可以调整风帆；或许我们可能无法左右事情，但我们至少可以调整自己的心态。

美国成功学学者拿破仑·希尔说过这样一段话：“人与人之间只有很小的差异，可是这种很小的差异却造成了巨大的差异！很小的差异就是所具备的心态是积极的还是消极的，巨大的差异就是成功和失败。”一个人的态度决定了一个人的“高度”，激情而投入地工作与麻木而呆滞地工作，是完全不同的两种境界。

人的一生，是由自己创造的！

我们的心境就是我们的一切！

正面情绪，就是最大的正能量

> 怒中之言，必有泄露。
>
> ——冯梦龙

人的情绪有正面的，也有负面的，正面情绪给我们带来积极健康的心态，我们需要保持。正确认识正面情绪的力量，才能改变自己！

1. 希望

希望是一个目标导向思考的过程，反映了一个人可以找到通往目标的方向，以及因个人才能而异的推动力或动力思考。

第一次参加家长会，老师对家长说："你的儿子有多动症，在板凳上三分钟都坐不了，你最好带他去医院看一看。"回家的路上，儿子问妈妈："幼儿园老师都说了些什么？"妈妈鼻子一酸，差点流下泪来。可是，她还是告诉了儿子："老师表扬你了，说你原来在板凳上坐不了一分钟，现在能坐三分钟了。其他的妈妈都非常羡慕我，因为全班只有你进步了。"那天晚上，儿子破天荒地吃了两碗米饭。

儿子上小学了。家长会上，老师对妈妈说："全班50名同学，这次数学考试，你儿子排第49名。我们怀疑他智力上有问题，你最好能带他去医院查一查。"回去的路上，她流下了泪。可是，当她回到家里，对坐在桌前的儿子说："老师对你很有信心。他说了，你并不是个笨孩子，只要细心些，一定会超过你的同桌，这次你的同桌排在第21名。"这时候，儿子黯淡的眼神一下子舒展开来。她甚至发现，儿子好像长大了许多。第二天上学时，去得比平时都要早。

孩子上了初中，又一次家长会。直到结束，都没听到点儿子的名字。妈妈有些不习惯，临别时去问老师，老师告诉她："按你儿子现在的成绩，考重点高中有点危险。"她怀着惊喜的心情走出校门，告诉儿子："班主任对你非常满意，他说了，只要你努力，很有希望考上重点高中。"

高中毕业了，第一批大学录取通知书下达的日子，儿子从学校回来，把一封印有清华大学招生办公室的特快专递交到了妈妈的手里，突然转身跑到自己房间里大哭起来。一边哭一边说："妈妈，我一直都知道我不是个聪明的孩子，是你……”

这个故事告诉我们，只要我们心中存有希望，只要心中怀有一颗希望的种子，就一定会创造出奇迹……希望带来美好，美好的希望更是让人激动。由此可见，希望给人多大的力量！

2. 乐观

乐观是一种最为积极的性格因素之一。不管在什么情况下，即使环境再差，乐观的人也会保持良好的心态，坚信坏事情总会过去，阳光总会再来。

一个美国人着泳装在撒哈拉大沙漠游玩，一群非洲土著人好奇地盯着他。

美国人说：“我打算去游泳。”

非洲土著人提醒道：“可是，海洋在800千米以外呢。”

“800千米！”美国人高兴地说，“好家伙，多大的海滩哪！”

在悲观人的眼里，沙漠是葬身之地，800千米是遥远，人生是痛苦；在乐观的人眼里，沙漠是海滩，800千米是享受，人生是希望。

3. 感恩

感恩是大海中的灯塔，给我们指明道德的方向；感恩是沙漠中的绿洲，给予我们期待美好生活的希望。只有懂得感恩的人，才会发现这个世界是多么的绚丽、多么的美丽。

法国一个偏僻的小镇，据传有一眼特别灵验的泉水，经常会出现神迹，可以医治各种疾病。有一天，一个拄着拐杖，少了一条腿的退伍军人，一跛一跛地走过镇上的马路。

旁边的镇民带着同情的回吻说：“可怜的家伙，难道他要向上帝祈求再有一条腿吗?”这句话被退伍的军人听到了，他转过身对他们说：“我不是要向上帝祈求有一条新的腿，而是要感谢他，还给我留着一条腿。”

4. 自信

自信是相信自己，同时相信自己拥有想把想要的东西拿到手的能力，它是一种相当强而有力的情绪，会改变我们的感受。相信自己的力量和才能，每个人都是能发出光芒的星辰，每个人都是一座金矿。

春秋战国时期，父亲和儿子出征打仗。父亲已经做了将军，儿子还只是马前卒。一阵号角吹响，战鼓擂鸣，父亲庄严地托起一个箭囊，其中插着一支箭，郑重地对儿子说：“这是家袭宝箭，佩带身边，力量无穷，但千万不能抽出来。”

这个箭囊极其精美，镶着幽幽泛光的铜边儿，箭尾则是由上等的孔雀羽毛制作。儿子喜上眉梢，英勇非凡，所向披靡。

当鸣金收兵的号角吹响时，儿子再也禁不住得胜的豪气，完全背弃了父亲的叮嘱，强烈的欲望驱使着他拔出宝箭，试图看个究竟。骤然间，他惊呆了——箭囊里装着一支折断的箭。

“我一直挎着支断箭打仗呢!”儿子吓出了一身冷汗，顷刻间意志的支柱坍塌。结果儿子惨死于乱军之中。父亲捡起那支断箭，沉重地说道：“不相信自己的意志，永远也做不成将军。”

5. 勇气

勇气通常是一种和信心密不可分的情绪。在人生之路上，在看似平坦的道路上充满了无数的荆棘，只有奋勇向前的人，才能最终看到柳暗花明之后的又一座美丽村庄。

解放战争时期，一场大仗后一个战士和部队离散了，弹尽粮绝，想在一片废墟上寻点水喝。不料，两个土匪端着刺刀，从一个大坟墓后面冒出来，正向他一步步逼近。

这两个土匪也没了子弹，狭路相逢勇者胜。战士尽管身材矮小，精疲力竭，但他果敢顽强，仍然鼓足了勇气，把棉袄一扒，赤裸着上身，决然和这两个土匪作最后的生死较量。在围绕着那个大坟墓周旋了3圈之后，两个土匪见战士气势威猛，胆量过人，不战而逃。

决斗中，两人对一人，如果其中一人也和战士一样气盛，那他就必死无疑了。这就是勇气的力量！

永远为自己的情绪负责

> 成功的秘诀就在于懂得怎样控制痛苦与快乐这股力量，而不为这股力量所反制。如果你能做到这点，就能掌握住自己的人生，反之，你的人生就无法掌握。
>
> ——安东尼·罗宾斯

“不以物喜，不以己悲”是北宋文学家范仲淹所作的《岳阳楼记》中的一句话，意思是不因外物好坏和自身得失而或喜或悲。

打车途中，路遇拥堵，后车不停地按喇叭，司机大发雷霆。乘客问他：“为何不开心？”司机说：“因为后车按喇叭很吵。”

这真的是决定性因素吗？未必！如果这位暴跳如雷的司机回头一看，按喇叭的人是儿时玩伴，肯定脾气全消，甚至露出笑容。路还是堵，后车还是按喇叭，为何心情变了？因为想法变了。之所以会生气，是因为他在想：“那人真烦，明明堵车还催我。”之所以会开心，是因为他在想：“按喇叭是在打招呼。”

人的情绪经常会受到外界环境的左右，情绪不好时，就要学会对自己的情绪负责。可以发泄、倾诉，但要把怒气控制在一个“气球”里，坚决不越界。

每个人的情绪都是自己的，别人只不过触碰了你的这个敏感部位，提醒你要关注它而已。不对自己的情绪负责，就好像自己生了冻疮不从自身体质找原因而怪起了北风。其实，北风只不过提醒你要关注自己的身体而已，从这个角度来说，还要感谢北风呢，不是吗？

有人可能会说，我天生就是这样子！没有办法控制自己的情绪。真的没有办法控制自己的情绪吗？生活中，经常会遇到这样的事：

> 先生在家正对太太大发雷霆，怒气冲天，这时候电话铃突然响了。先生拿起电话，大吼一声：“谁？”可是，突然之间，先生的声音就变得温柔起来：“啊，是！是！是！好！好！好！”头也慢慢地低下去，打躬作揖。原来是他的老板！虽然他的老板不在房间里，但好像他就面对老板一样。

由此可见，人完全可以在情绪高昂的状态下，控制自己的情绪。只要我们愿意，是可以控制自己的情绪的。一个 EQ 高的人，懂得为自己的情绪负责，一个成熟的人要为自己的情绪负责。所以，学习成长、成熟非常重要。

有人做过这样一个试验：当人做出一个微笑的面容，心情就会立即感到增加了几分愉悦。研究表明，情绪不但可以影响人的行为，反过来也可以影响人的情绪。人不仅可以在心理上控制自己的情绪，而且对自己的血压、心跳等都可以进行控制，何况情绪？

那么，如何来控制自己的不良情绪呢？

1. 转移

当自己情绪不好的时候，可以将注意力转移到愉快的事情上去。

2. 分离

分散你的烦恼，把它们各个击破。

不要把这个烦恼与别的烦恼联系起来。

不要自寻烦恼，人为地加以放大。

具体烦恼，具体解决，不要算总账。

3. 弱化

减弱你的烦恼。

对于非原则的刺激，必须学会紧紧地把住闸门，尽可能不听、不看、不感觉，不让它输入。如果输入了，就尽可能不联想、不思考、不记忆。

4. 体谅

生气，是因为别人的过错而惩罚自己，原谅了别人也就饶过了自己。

5. 解脱

就是换一个角度看问题。从更深、更广、更高、更长远的角度来看待问题，跳出原有的局限，对它做出新的理解，可以让自己的精神获得解脱，把自己的精力转移到自己所追求的目标上来。

6. 升华

利用强烈的情绪冲动，把不良情绪引导到积极的、有益的方向上去，使之具有建设性的意义和价值。

7. 抵消

如果想消除不良情绪，可以寻求另外一种刺激，比如：隔壁邻居大声开着音乐，使自己心烦意乱，使用前面的方法无效时，可以打开音响，播放自己喜欢的音乐。

8. 利用

可以把坏事变成好事，比如：利用时机和客观条件；对情绪本身的利用，把情绪升华成力量。

第五章

重拾专注的力量

引 爆 内 在 无 比 能 量

你的注意力在哪儿，就在哪儿得到结果

天才——首先是不知疲劳的、目标明确的劳动，在一定事物上集中注意力的能力。

——切列巴霍夫

不管做任何事情，都需要专注，如果分散了注意力，是很难有所成就的。只有将自己的注意力集中在一个地方，才容易在这个地方做出成绩。因为你的注意力在哪儿，哪儿就能得到结果！

老赵和老周是好朋友，退休后，经常在一起聊天，一起钓鱼。周末，他俩又坐在河边钓鱼。可是一个上午过去之后，老赵的篓里已装有十多条活蹦乱跳的鱼，而老周一点收获都没有。

下午时，老周终于沉不住气了，他凑到老赵跟前问："你看，我们用的是同样的钓竿、同样的鱼饵，可是为什么你能轻易地钓到鱼，而我却一条也没钓到呢？是不是我坐的位置不好，我们换换位置好吗？"老赵笑着点点头。

他们换了位置，又坐下来继续钓鱼，黄昏的时候，老赵又钓到了许多鱼，老周却仍然毫无收获。回家的路上，老周问："老兄，你钓鱼究竟有什么诀窍？"

老赵看了一眼老周笑着说："我和你的不同之处在于：你是在钓鱼，而我是在垂钓，垂钓和钓鱼有着本质的区别。我手持钓竿时，只知道有我而不知道有鱼，心无杂念，手静、眼静，鱼见到我的鱼饵，就会毫不犹豫地吞下；而你钓鱼的时候，心里只想着鱼，所以当你看

不到鱼上钩时就会心浮气躁，手与眼就会随着心情发生变化，鱼儿也就被你的焦躁情绪吓跑了，所谓欲速则不达。”

钓鱼其实也是一种境界，与做人做事有相似之处。**专注，就是专心致志，心无旁骛，目不两视，耳不两听，精神专一，不抛弃、不放弃，对追求的目标执着地去奋斗**。它体现了一个人为人处世的态度和风格，是一种素质，更是一种能力。

现实生活中，我们往往并不缺乏才气及毅力，而是缺乏持之以恒“专注一个目标”的能力，结果，无所建树，最终与成功擦肩而过。如果我们能在各种各样的事情上多一分专注，多一分坚持，也许，有一天你也会一飞冲天、一鸣惊人！

一位久负盛誉的企业家在告别职业生涯之际，应多人要求，讲述了自己一生取得多项成就的奥秘。

会场座无虚席。舞台上吊了一个大铁球，观众们都感到莫名其妙，这时，两位工作人员抬了一个大铁锤，放在企业家的面前。企业家请两位身强力壮的年轻人上来，让他们用这个大铁锤去敲打那个吊着的铁球，把它荡起来。

一个年轻人抢着抡起大锤，全力向那吊着的铁球砸去，可是那吊球却一动也没动。另一个人接过大铁锤把吊球打得叮当响，可是铁球仍旧一动不动。

观众们都以为那个铁球肯定动不了，这时，老人从上衣口袋里掏出一个小锤，对着铁球敲了一下，然后停顿一下再敲一下。人们奇怪地看着，老人就这样持续地做着。10 分钟过去了，20 分钟过去了……会场的观众开始骚动起来，有人陆续离开。老人仍然不理不睬，继续敲着。

大概在进行到 40 分钟的时候，坐在前面的一个妇女突然尖叫一声：“球动了！”霎时间会场立即鸦雀无声，人们聚精会神地看着那个铁球。

那球以很小的幅度摆动了起来，不仔细看很难察觉。吊球在老人一锤一锤的敲打中越荡越高，顿时会场上爆发出了一阵阵热烈的掌声。在掌声中，老人转过身来，慢慢地把那把小锤揣进兜里。

企业家其实就是想要告诉人们，想要有所成就，必须有专注的精神和坚持的毅力。

在中国传统文化中，专注的精神也是一直提倡和推崇的。有句古语是这么说的：能够到达金字塔顶端的动物只有两种，一种是苍鹰，一种是蜗牛。**苍鹰之所以能够到达是因为它们拥有傲人的翅膀；而慢吞吞的蜗牛之所以能够爬上去就是认准了自己的方向，并且一直沿着这个方向努力。**

对于人类而言，能够于众生中脱颖而出者实属少数，其中，一种是资质优越、天生异禀，本就是成就大事的种子，这样的人少之又少；另外一种就是蜗牛一样的人物了。他们虽然知道自己是个普通人，却仍然立下了鸿鹄之志，凭借后天的坚忍和努力，取得了常人难以想象的成就。成功的秘诀就在于，专注！

永远要知道什么对自我最重要

一个人的真正伟大之处，就在于他能够认识自己。

——约翰·保罗

人生最重要的是什么？是智慧、是金钱、是爱情、是友谊、是宽容、是健康、是自由、还是家庭、或者是地位名利？……不管是哪个，都要做到心中有数，然后将注意力集中在上面。即将注意力集中在重要的事情上。

半个多世纪以来，沃伦·巴菲特一直都恰到好处地把握了时机。

对于这位传奇投资家，他的长期投资取得了惊人的回报，甚至有些学者都不敢相信，认为这只是侥幸成功。

巴菲特把自己的成功归结为“专注”。施罗德写道：“他除了关注商业活动外，几乎对其他一切，如艺术、文学、科学、旅行、建筑等全都充耳不闻，因此他能够专心致志地追寻自己的激情。”

专注不但是做事情成功的关键，也是健康心灵的一个特质。专注的人，一般都会将注意力集中到某事物上面，与所关注的事物融为一体，不被其他外物所吸引，不会萦绕于焦虑之中。

一个人对一件事只有专注投入，才会带来乐趣。对于一件事情，不管你过去对它有什么成见，觉得它多么枯燥，一旦你专注投入进去，它立刻就会变得活生生起来！而一个人最佳的状态，就是进入那个活生生的状态。

一个专注的人，往往能够把自己的时间、精力和智慧凝聚到所要干的事情上，从而最大限度地发挥积极性、主动性和创造性，努力实现自己的目标。特别是在遇到诱惑、遭受挫折的时候，他们能够不为所动、勇往直前，直到最后成功。

与此相反，一个人如果心浮气躁、朝三暮四，就不可能集中自己的时间、精力和智慧，干什么事情都只能是虎头蛇尾、半途而废。缺乏专注的精神，即使立下凌云壮志，也绝不会有所收获，因为“欲多则心散，心散则志衰，志衰则思不达也”！

面面俱到的最后结果是面面不到

而今孩子何在？正是贪多嚼不烂了。

——凌蒙初

绝大多数人都喜欢事事做到尽善尽美，做事也要考虑面面俱到，可是人无完人，这样只会累死自己，并让自己处于一种无法逾越的内心负担中。想面面俱到，不得罪任何人，又想讨好每一个人，是绝对不可能的。下面的寓言故事，相信你读后一定会颇有启发。

一天，父子俩赶着一头驴进城，子在前，父在后，半路上一个妇人笑他们："真笨！有驴子竟然不骑！"父亲觉得有道理，便叫儿子骑上驴，自己跟着走。

走了不久，一个中年人看到后说："真是不孝的儿子，竟然让自己的父亲走路！"父亲赶忙叫儿子下来，自己骑上驴背。

又走了一会儿，一个年轻人看到了说："真是个狠心的父亲，自己骑驴，让孩子走路，不怕把孩子累死？"父亲连忙叫儿子也骑上驴背，这下子总该没人有意见了吧。谁知，又有人说："两个人骑在驴背上，不怕把那瘦驴压死？"

父子俩急忙溜下驴背，把驴子的四只脚绑起来，一前一后用棍子扛着。经过一座桥时，驴子因为不舒服，挣扎了一下，结果掉到河里淹死了！

很多人做人做事就像上述故事中所讲的父子，人家叫他怎么做他就怎么做。谁提议，就听谁的，结果，大家都有意见，大家都不满意。一般来说，这样做事的人有以下几种心理：不想得罪任何人，想讨好每一个人，至于是非对错，全然不管。没有主见的人，无法分辨是非对错，所以谁说得有理就听谁的。

不管你是出于什么样的心理，只要知道一点，**凡人凡事都做到尽善尽美，面面俱到，那是绝对不可能的，**因为在做人方面，你不可能顾及每一个人的面子和利益，你认为顾及了，别人却不一定这么认为，甚至根本不领情。在做事方面，你也不可能顾及每一个人的立场，每个人的主观感受和需求都不相同，要让每个人都满意，就会有人不满意，最后的结果只有两个：

——为了面面俱到，把自己累死。因为你总是怕对方不满意，还得小心察言观色，揣摩对方的心思，时时让自己处于一种不能超越的内心负担中。

——别人摸透了你想面面俱到的弱点，便会得寸进尺地索求。因为他们知道你不会生气，于是你就变成了“人人看不起、给人好处别人还不爱感谢”的天下超级“大傻瓜”！

那么，应该怎么才能让大家尽量满意呢？**做你该做的，也就是说，你认为对的，就毫不动摇地去做，参考别人意见时要看意见本身，而不是看别人的脸色。**这么做有时确实会让一些人不高兴，但只要你毫不动摇，还可赢得这些人事后的尊敬。如果面面俱到，恐怕结果是——每个人都笑你！

学会删减，将精力聚焦到最重要的事上

与其花许多时间和精力去凿许多浅井，不如花同样的时间和精力去凿一口深井。

——罗曼·罗兰

生活中，每个人都面对着各种各样的事情，我们应该把精力集中在重要的事情上，不要在无关紧要的事情上浪费太多的时间和精力，这样才能做出成绩。这个道理人人都懂，可是做起来往往很难，很多人经常被一些琐事困扰，忙忙碌碌地奔波，却没有结果。

成功者都知道，忙于琐事的人通常会变得对重要事情没精力。帕累托法则告诉人们：做事情就是要抓住主要矛盾。这样可以用少的投入得到多的产出，小的努力获得大的成绩。抓住事物的本质，有所为，有所不为。不能从琐碎的事情中摆脱出来，就可能被琐事毁掉前程。人的时间和精力都是有限的，因此，用最大的精力去关注最重要的事，才是成

功的关键！

温德尔·威尔基才能出众，机智敏锐，被认为是“两党（共和党与民主党）历来提名的总统候选人中最富有感召力的人”。1940 年，他与已连任两届总统的富兰克林·罗斯福摆开了竞选的擂台。

威尔基对付罗斯福的一个最有力的论点就是美国总统没有连任三届的传统。本来威尔基是很有希望成为美国总统的，可是，他在时间安排上的致命弱点却使他丧失了这一有利的时机。当过多的事情分占他的时间时，他显得有些不分轻重缓急，不知道如何在有限的时间里干出更有成效的事情，反而毫不拒绝地干那些事倍功半的事情。

这天，他乘坐火车沿途在一个个小站发表动人的演说，每次都有几百人被他的讲话所折服。一天下来，他显得精疲力竭，声音沙哑。而当竞选即将结束之时，在电台上向千百万人阐述自己观点的关键时刻，他却只能从他受损的嗓子里吐出一些发音难听的字句。此时，他完全丧失了一个演讲者侃侃而谈的潇洒风度。他似乎没弄清楚是几千人重要还是千百万人重要。

罗斯福由于身有残疾很少公开露面，虽然参加竞选的时间少，但时间却有了更高的利用价值。他十分注重对千百万人的电台讲话，以至于出现了他一讲话，人们就兴奋异常的效应。结果，美国总统的任期传统被打破。

人生中没有必要为了一些不是个人主要发展的事情，而让自己疲于奔命，苦于应酬。凡是能推掉的应酬就推掉，该放弃的就放弃。几乎不答应参加一般的社会活动。

当我们把过多的精力与才华放在一个低水平的事情上，我们的能力就无法提高。要想突破事业的瓶颈，就必须集中精力干好当前的重要工作。

一味地追求面面俱到，大事小事都不放过，反而会导致什么事都做不好。明智的人总会放弃无关紧要的琐事，以便获得更大的精力做好最重要的事。人生需要学会舍得，没有舍就没有得，所以我们要学着放弃无意义的琐事，这是做事的智慧。

当今世界的资讯几乎每一分钟都在增加，这给我们提供了工作的便捷，但也消耗了我们的大量精力，使我们的精神十分疲惫。所以，选择是非常重要的。

有人说“选择”像一条河流，它越宽，就有越多的人淹死在里面。在复杂多变的环境中，我们要目标明确，精力集中。对于无关重要的事情不要投入太多时间，也不要去计较太多，这样才能够做出成绩。

用心，并全力以赴去做

> 有自信，然后全力以赴——如果具有这种观念，任何事情十之八九都能成功。
>
> ——威尔逊

在执行任务的过程，任何一个人都不可能一帆风顺，总会遇到这样或那样的困难。这些困难好比一座座山峰，如果我们不全力以赴地攀登，就只能在山脚下哭泣。只要我们保持满腔热情，全身心地投入到工作中，就会跨过高山。

一天，猎人带着猎狗去丛林中打猎。猎人瞄准一只兔子后扣动了扳机，可惜只打中了兔子的后腿。受伤的兔子拼命逃跑，猎狗在后面穷追不舍。可是没一会儿，兔子不见了，猎狗只好回到猎人身边。

猎人责骂猎狗：“你真笨啊，连一只受伤的兔子都追不到！”猎狗听后很不服气，说：“我已经尽力而为了！”兔子回到洞里，它的家人都围过来，问它：“那只猎狗非常凶猛，你又负伤了，怎么能逃回来呢？”

兔子说：“它是尽力而为，而我是为了活命不得不全力以赴啊！”

生活中，也有一些人在执行过程中遭遇到挫折后，总是找理由为自己开脱。他们说得最多的一句话就是：“我尽力了。”因此而原谅自己。结果，失败也就成为了他们的常客！对想要完成任务的人来说，尽力而为是远远不够的，我们需要的是全力以赴。

戴尔·泰勒是美国西雅图一所著名教堂里的牧师。一天，泰勒向教会学校的学生们发出了“悬赏”公告：凡是能背出《圣经·马太福音》中第五章至第七章全部内容的人，都会受邀去西雅图“太空针”高塔餐厅，免费品尝那里提供的大餐。

可是，需要背诵的内容多达数万字，而且不押韵，这对孩子而言难度非常大。许多学生要么就直接放弃了，要么浅尝辄止。

几天后，一个11岁的小男孩主动找到戴尔·泰勒，并在他面前一字不落地背诵了全部内容。而且，整个背诵过程十分流畅，就好像他在照着《圣经》读一样。

泰勒十分震惊，因为在成年的信徒中，能背诵此篇幅的人非常少。他对男孩的记忆力表示了由衷的赞叹，然后问他：“你为什么能背下这么长的文字呢？”小男孩立刻回答道：“因为我全力以赴。”

十几年后，那个小男孩成了世界著名软件的老板，他就是比尔·盖茨。

工作中，总有人抱怨自己的业绩不突出。与其抱怨，不如静下心来想一想：“自己在解决问题时想尽所有的办法了吗？”“自己是否真的做到了全力以赴呢？”实际上，很多人失败就是失败在做事不全力以赴上。

不管你如何想提高工作业绩，如果你不改变敷衍、应付的工作作风，失败就会接踵而至。只有全力以赴地执行任务，才有可能出色地完成任务。

只要你全力以赴，没有什么事情是不可能的。

在积极的心态的驱使下，全力以赴就会创造奇迹！

第六章

再塑自我价值观与信仰

引 爆 内 在 无 比 能 量

追求价值与功能性价值

人生的价值，即以其人对于当代所做的工作为尺度。

——徐玮

人类自身的价值与其他动植物或者物体的价值之定性在一定意义上别无二致，都是针对自身以外的其他客体来说的。换句话说，甲的价值不是孤立存在的，只有通过对乙和丙所产生的作用才能充分体现出来。

一朵鲜花，只有开在人类的视线之内才具有观赏价值，如果开在荒郊野外，那么它跟一株野草没有什么不同。所有的花原本都是有价值的，不同的是，有些花的价值得以体现，而另一些花的价值却被时间或空间的泡沫淹没了，既然如此，与生俱来的价值也就无从谈起，这就像“1－1＝0”一样简单。有这样一个故事：

一天，弟子向师父请教说：“师父，我人生最大的价值是什么？”师父说：“你到后花园搬一块大石头，拿到菜市场上去卖，如果有人问价，你不要讲话，只伸出两个指头；如果他跟你还价，不要卖，回来之后师父告诉你人生最大的价值是什么。”

第二天一大早，弟子抱块大石头到菜市场上去卖。菜市场上人来人往，人们很好奇，一家庭主妇走了过来，问：“这石头多少钱卖呀？”弟子伸出了两个指头，主妇说：“2元钱？”和尚摇摇头，主妇说：“20元？好吧，好吧！我刚好拿回去压酸菜。”弟子听到心想：一文不值的石头居然有人出20元钱来买！我们山上有的是呢！

弟子没有卖，回去后乐呵呵地去见师父：“师父，今天有一个家庭主妇愿意出20元钱买我的石头。师父，你现在可以告诉我，我人生的最大价值是什么了吗?”师父说：“嗯，不急，你明天一早再把这块石头拿到博物馆去，如果有人问价，你依然伸出两个指头；如果他还价，你不要卖，再抱回来，我们再谈。”

第三天早上，在博物馆里一群人围观，窃窃私语：“一块普通的石头，有什么价值摆在博物馆里呢?”“既然这块石头摆在博物馆里，那一定有它的价值，只是我们不知道而已。”这时，有一个人从人群中窜出来，冲着弟子大声说：“小师父，你这块石头多少钱卖啊?”弟子没出声，伸出两个指头，那个人说：“200元?”弟子摇了摇头，那个人说：“2000元就2000元吧，刚好我要用它雕刻一尊神像。”弟子听到这里，倒退了一步，非常惊讶！

他依然遵照师父的嘱托，把这块石头抱回了山上：“师父，今天有人要出2000元买我这块石头，这回你总要告诉我，我人生最大的价值是什么了吧?”师父哈哈大笑说：“你明天再把这块石头拿到古董店去卖，照例有人还价，你就把它抱回来。这一次，师父一定告诉你，你人生最大的价值是什么?”

第四天一早，弟子又抱着那块石头来到古董店，依然有一些人围观，有一些人谈论：“这是什么石头啊?在哪儿出土的呢?是哪个朝代的呀?是做什么的呢?”终于有一个人过来问价：“小师父，你这块石头多少钱卖啊?”弟子依然不声不语，伸出了两个指头。

客人报出了自己的价格：“2万元?”小和尚睁大眼睛，张大嘴巴，惊讶地大叫一声：“啊?”那位客人误以为自己出价太低，气坏了小师父，立即纠正说：“不！不！不！我说错了，我是要给你20万元!”

“20万元!”弟子听到这里，立刻抱起石头，飞奔回山去见师父，气喘吁吁地说：“师父，有位施主出20万元买我们的石头！现在你总可以告诉我，我人生最大的价值是什么了吧?”

师父摸摸弟子的头，慈爱地说："孩子啊，你人生最大的价值就好比这块石头，如果你把自己摆在菜市场上，你就只值20元钱；如果你把自己摆在博物馆，你就可值2000元；如果你把自己摆在古董店里，你就值20万元！平台不同，定位不同，人生的价值就会截然不同！"

不怕别人看不起你，就怕你自己看不起自己。谁说你没有价值？除非你把自己当作破石头放在烂泥中。没有人能够给你的人生下任何定义，你选择怎样的道路，将决定你拥有怎样的人生。正所谓：王侯将相宁有种乎？

卢梭说："人的价值是由自己决定的。"**人生是自己的人生，价值也是自己人生的价值，**首先要对自己负责，实现了自己的价值才能对社会有价值。歌德也说："你若要喜爱你自己的价值，你就得给世界创造价值。"可是，有些人却认为，世界少了我，不也照样转，离开谁都错不了。这种想法是对自己价值的否定，不管我们做的事对世界到底有没有用，只要问心无愧。

人的价值实际上就是人所具有的能力，以及这种能力最终所产生的效果，人的价值只有经过主观努力，而后在客观实践中才能真正体现出来。道路曲折，前途茫茫，如何实现自己的人生价值呢？

1. 自身必须具有优秀的潜能

打铁还须自身硬，只有加强文化和各方面的专业知识，努力掌握科学的方法和过硬的本领，确立正确的人生观和合理的发展方向，才能为进一步实现自己的人生价值奠定良好的基础。

2. 正确认识自己

要让自己保持良好的心态，做自己力所能及的事，切忌自高自大、目空一切。

3. 要有恒心和定力

做事情的时候，要力戒浮躁浅薄；要想战胜困难，首先就要战胜自己。

4. 学会跟随

学会聆听，尊重他人，谦虚谨慎，先当学生，后当先生。

5. 具有一定的自我掌控能力

头脑清楚，意志坚定，不能人云亦云，随波逐流。

6. 不吃苦中苦，难为人上人

欲成大器，必能吃苦；不能吃苦，难成大器。要耐得住寂寞，经得起考验。

有什么样的价值观就有什么样的选择

路是脚踏出来的，历史是人写出来的。人的每一步行动都在书写自己的历史。

——吉鸿昌

大哲学家亚里士多德说过，人生价值观体现一个人的价值和思想行为。不同阶层，受教育不同的人的价值观也会有所不同，坏人和好人、聪明人和笨人价值观也会有所不同。有什么样的价值观就会有什么样的选择！

在索马里游骑兵特遣队中，加里·高登军士长是一个狙击小分队的领导，而兰德·舒加特上士则是其中的一个成员。在1993年10月摩加迪沙的袭击战斗中，他们坐在直升机上盘旋在两架直升机坠毁的地点上空，展开了对敌军精确猛烈的射击。

战斗中，一架飞机被击中，可是却没有地面部队可以解救。同时，越来越多的敌军正向该点靠近，他们两人便主动请缨去保护身受重伤的战友。

加里·高登和兰德·舒加特下落到飞机坠落点以南一百米左右的地方，冒着枪林弹雨，穿过了无数的屋棚，抵挡了聚合在坠落点周围的敌军攻击，终于杀出一条血路，来到了坠机飞行员身边。

他们把伤者拖出坠机，在周围筑起了一道防线，抵抗住了一系列的袭击，直到耗尽最后一颗子弹，身受致命伤。

加里·高登和兰德·舒加特的行动挽救了一位陆军飞行员的生命。没有人会知道，当他们两人离开自己乘坐的相对安全的直升机，冒死去援救坠机飞行员的时候，脑海里都在想些什么。可是，他们却做了自己认为正确的事情。

他们的行为是以美国陆军的价值为基础的，这些他们早就心知肚明：忠于他们的战友，不管环境条件如何，都有责任遵循这些价值观；即使面临巨大的危险，也要敢于行动；无私奉献的精神，甘愿献出自己的一切。

价值观是社会的基本组成，不仅会影响人们所追求的理想、信念，也会对人们的行为起到很重要的作用。价值观决定行为！

一个美国商人坐在墨西哥海边一个小渔村的码头上，看着一个墨西哥渔夫划着一艘小船靠岸。小船上有好几尾大黄鳍鲔鱼，这个美国商人问渔夫：“要多少时间才能抓这么多？”墨西哥渔夫说：“一会儿工夫就抓到了。”

美国人接着问道；“你为什么不待久一点，好多抓一些鱼？”墨西哥渔夫不以为然：“这些鱼已经足够我一家人生活所需啦！”

美国人又问："那么你一天剩下那么多时间都在干什么?"墨西哥渔夫解释："我每天睡到自然醒，出海抓几条鱼，回来后跟孩子们玩一玩，再跟老婆睡个午觉，黄昏时晃到村子里喝点小酒，跟哥儿们玩玩吉他，我的日子可过得充实又忙碌呢!"

美国人不以为然，帮他出主意，他说："我是美国哈佛大学企管硕士，可以帮你忙！你应该每天多花一些时间去抓鱼，到时候你就有钱去买条大一点的船。然后，你就可以拥有一个渔船队。然后，你可以自己开一家罐头工厂。如此，你就可以控制整个生产、加工处理和行销。然后，你可以离开这个小渔村，搬到墨西哥城，再搬到洛杉矶，最后到纽约。在那里经营你不断扩充的企业。"

墨西哥渔夫问："这需要花多少时间呢?"美国人回答："15 ~ 20 年。"

"然后呢?"美国人大笑着说："然后你就可以在家当皇帝啦！时机一到，你就可以宣布股票上市，把你的公司股份卖给投资大众。到时候你就发财啦！你可以几亿几亿地赚！"

"然后呢？"美国人说："到那个时候你就可以退休啦！你可以搬到海边的小渔村去住。每天睡到自然醒，出海随便抓几条鱼，跟孩子们玩一玩，再跟老婆睡个午觉，黄昏时，晃到村子里喝点小酒，跟哥儿们玩玩吉他喽!"

墨西哥渔夫疑惑地说："我现在不就是这样了吗?"

价值观就是你的一个过滤器。它决定了什么对你最重要，什么对你不重要，什么是有意义有价值的，什么是无聊的乏味的。要想成为社会上的领导人物，你必须清楚知道自己的价值观。

如果我们不知道自己人生中什么是最重要的，不知道什么价值是我们确实应该坚持的，是很难建立起成功的基础的。如果遇到棘手的情况，迟迟下不了决定，主要原因就在于你不清楚在这种情况下，什么是最重要的价值。由此必须记住，一切的决定都根植于你清楚的价值观中。

价值观会主宰我们的人生方式，影响我们对周遭一切的反应。

从你所穿的衣服、所开的车子，到所住的房子，一切的一切都受价值观的左右。它是我们行事为人的规范，是释放我们内心神奇力量最重要的关键！

问问自己，最重要的是什么

一个真认识自己的人，就没法不谦虚。谦虚使人的心缩小，像一个小石卵，虽然小，而极结实，结实才能诚实。

——老舍

在过去听说过这样一件事：

一位年近花甲的哲学教授在上他的最后一节课。在课程即将结束的时候，他拿出了一个大玻璃瓶和两个布袋：一个装着核桃，另一个装着莲子。然后他对大家说："今天，我们一起做个实验。这还是在我年轻时看到的一个实验，至今仍然常常想起，并常以此激励自己，我希望你们每个人也能一辈子记住这个实验。"同学们感到很奇怪，哲学课还做实验吗？

老教授把核桃倒进玻璃杯中，直到一个也塞不进去为止。这时候，他问："现在杯子满了吗？"学哲学的同学已经具备了一定的辩证思维，说："如果说装核桃的话，它已经装满了。"

教授又拿出莲子，用莲子填充核桃还留下的空间。然后，老教授笑着问："你们能从这个实验中概括出什么哲理吗？"

大家的发言很踊跃。老教授最后做了总结，说："你们说的都很有道理，不过还没有说出我想让大家领会的道理来。现在让我们反过来想一想，如果先装的是莲子而不是核桃，莲子装满后还能再装下核桃吗？你们想想看，人生有时候是不是也是如此？我们经常被许多无关紧要的小事困扰，而忽略了那些真正对自己重要的事情。结果，白白浪费了许多宝贵的时间。所以，我希望大家能够记住这个实验，如果莲子先塞满了，就装不下核桃了。”

在现实生活中，我们常常能看到人性的一个弱点：避重就轻。人的生命有限，我们必须清晰地认识到自己这一生最重要的是什么——确定价值观。

没有价值观的人，他的生活如荒凉的戈壁，冷冷清清，没有活力。

没有价值观的人，他的生活如一潭死水，平平淡淡，没有新意。

没有价值观的人，他的生活如一潭死水，波澜不兴，毫无生气。

没有价值观的人，他的生活如漫漫的黑夜，昏昏暗暗，没有光亮。

没有价值观的人，他的生活如离群的大雁，跌跌撞撞，没有目标。

没有价值观的人，他的生活如断线的风筝，摇摇晃晃，没有目的。

没有价值观的人，他的生活如干枯的树干，皱皱巴巴，没有生机。

没有价值观的人，他的人生如漆黑的大海，漫无目的，没有指引。

没有价值观的人，他的生活如荒芜的草原，凄惨荒凉，没有生机。

价值观是做一切决定和选择的基础，它决定了我们生活、社交、娱乐的方式。不同的价值观，对于同一件事，可以作出截然相反的决定和选择。每个人都有自己的价值观，但是大多数人没有很清楚的去想，不清楚生活中什么最重要。

许多人到了成年时，自己的价值观就被压抑或忽略了。他们尽量生活在自己周围的环境，如工作的公司、组织或朋友、社团、家人等的价值观里，而不是真正照着自己的价值观来生活。因为放弃了自己认为重要的事，就会失去生活的方向和意义，总觉得不满意和不顺心，但是不知道为什么，甚至会后悔自己过去所做的事。

怎样照着自己的价值观来生活工作呢？清楚地了解自己的价值观是现在最需要做的。当你做了下面这个练习后，你可能会吃惊地发现你没有做你真正看重的事，却把时间用在了许多并不重要的事上。

请认真做下面的练习：

第一步，将一个问题写在纸上："在生活中，对我来说什么是最重要的?"

写下你脑中闪过的所有答案。不要做任何的判断，不管答案有多么的奇怪和好笑!

第二步，问问你自己："这个答案对我来说意味着什么?"

比如，你可以问："钱这个词对我来说意味着什么?"答案可能是："钱意味着成功、安全，或者自由。"那么，你的核心价值观可能是你想成功、有安全感，或自由。

第三步，选 5 ~ 7 个你写下的价值观，然后为它们排序。

很可能，你不会知道什么是最重要的，什么是次重要的。你可以去掉其中一个，想一想，如果你的生活中没有这个会怎么样？不停地问自己问题，直到把它们的顺序排出来。

第四步，写下你最重要的三个价值观，然后思考每一个价值观对你意味着什么。

你要怎样做，才会实现这一价值观？比如，如果"家庭"是你的核心价值观之一，怎样在家庭生活中做才是成功的？如果你的核心价值观之一是"幸福"，怎样才是幸福的？要对自己的价值观有具体清楚的认识。

第五步，看看你现在的工作、生活和人际关系等与你的价值观符不符合。

价值观可以反映出你是一个什么样的人，什么对你来说是重要的。要用它衡量自己，并不断地拷问自己是否现在的行为正朝着自己想要实现的方向前进。

扔掉那些不希望有的负面意识或感觉

克服自己消极的、钻牛角尖的扭曲的思想方式，便能增加效率，提高自尊心。

——伯恩斯

在生命的任何阶段，都有可能产生自我怀疑陷入死气沉沉的状态。据心理学家研究，每个人每天大概会产生五千到一万五千个消极的想法。每当你觉得自己很脆弱的时候，这些消极的念头就会在你心中悄悄抬头。

一棵树倒下来，恰巧砸在离你脚几寸的土地上，你觉得："好险，谢天谢地没砸到我。"或者你以为"大难差点临头"，然后就痛苦不堪。

你上医院探病，一踏进亲人的病房，第一眼看见的便是床旁的医疗器材，你觉得："这些器材的存在，意味着亲人已在现代科技医疗照料下。"或者你以为："亲人的健康情况已十分脆弱了。"

改变你心情的不是外在情况，而是你对情况的认知。或者进一步说，你怎么想就怎么感觉。因此，你怎么想，对你的身心健康绝对有影响。**不断以消极念头看待自己和生活的人，会使自己心生沮丧，还会身负许多无谓的压力。**

有位秀才第三次进京赶考，住在一个经常住的店里。考试前两天他做了三个梦，第一个梦是梦到自己在墙上种白菜；第二个梦是下雨天，他戴了斗笠还打伞；第三个梦是梦到跟心爱的表妹脱光了衣服躺在一起，但是背靠着背。

这三个梦似乎有些深意，秀才第二天就赶紧去找算命的解梦。算命的一听，连拍大腿说："你还是回家吧。你想想，高墙上种菜不是白费劲吗？戴斗笠打雨伞不是多此一举吗？跟表妹都脱光了躺在一张床上了，却背靠背，不是没戏吗？”

秀才一听，心灰意懒，回店收拾包袱准备回家。店老板非常奇怪，问：“不是明天才考试吗，今天你怎么就回乡了？”秀才如此这般说了一番，店老板乐了：“哟，我也会解梦的。我倒觉得，你这次一定要留下来。你想想，墙上种菜不是高种吗？戴斗笠打伞不是说明你这次有备无患吗？跟你表妹脱光了背靠背躺在床上，不是说明你翻身的时候就要到了吗？”

秀才一听，更有道理，于是精神振奋地参加考试，果然中了个探花。

积极的人像太阳，照到哪里哪里亮；消极的人像月亮，初一十五不一样。想法决定我们的生活，有什么样的想法，就有什么样的未来。

负面的想法，也就是消极的想法。其实，这里面还包含有不正确的、错误的，或反面的思想因素。当然，也不能说所有的负面想法里面都有反动的思想，但至少说明了，一个人如果在头脑中负面的想法多了，或遇事总是持负面的思想态度，这肯定是不利的，也不会产生出积极的作用。

虽然我们不能说每个人都不能有负面的想法，但还是应当尽量减少负面的想法，少有和没有负面的想法更好。那么，在人们的生活当中，容易产生哪些负面的想法呢？主要又有哪些表现呢？

1. 消极的人生

一个人能够来到这个社会上，是一种机遇和缘分，是父母受尽了艰辛把自己养大成人，是大家和社会为自己创造了生存和发展的环境条件，应当积极应对，竭尽全力将自己的聪明才智用于社会实践，把自己的力量奉献给社会，做一个高尚的人。

可是，有些人想的是，既然父母把我带到这个社会上来了，既然社会上有那么多的人和财富，我就应当充分地享受，父母和社会就应当给予我一切，否则，就枉为人生。所以，当他们自己的这些想法得不到满足时，就会产生厌世心理，就会觉得自己没有用，就想偷懒。例如，有些博士生为感到自己“没有能力”而出走，有些博士生甚至选择跳楼自杀留下了“厌世和想偷懒”的遗书，就是这种典型的负面想法的表现。

2. 缺乏自信心

在生活当中，有很多人对自己缺乏信心，对办任何事情缺乏信心，对接触别人及与别人合作共事缺乏信心，对在工作和生活中遇到的困难缺乏信心。在这种人的眼里和思想上，社会是暗淡的、黑暗的、消极的、落后的，处处是困难，事事是关口，有很多迈不过去的坎儿，有许多解决不了的问题，有太多的高不可攀的东西。所以，这些人不但在生活上有烦恼，而且在工作中有苦恼，缺少信心、干劲和良好的心态。

3. 心往坏处想

在我们的身边和周围，总有那么一些人不管干什么事情总是往坏处想，在没干事之前就把问题想糟了，好像这个社会上谁也不好，谁也信不过，谁都在跟自己过不去。因此，他们不能经受一点痛苦，不能遇到一点困难，不能有一点风险，不能承受一点压力，不能看到一点自己不顺心的事。

比如，有的人一听说有什么传染病了，就谁也不愿意接触了，就担心害怕；有的人看到有不安定的事情发生，就忧心忡忡，好像灾难就要降临，生命就要到了尽头；有的人一看到别人进步了，就认为别人是故意在与自己作对，就对别人产生妒忌和仇视心理；有的人不管干什么事，不能吃一点亏……

这样的人，不是心胸狭窄、遇事想不开、爱生闷气，就是脾气暴躁、暴跳如雷、故意找别人的碴儿；不是怨恨这个，就是指责那个……在他们的眼里，周围没有好人，社会上没有好人，自己也就做不好人。

……

其实，负面的想法还有许多种表现，我们一定要认真对待。要变负面想法为正面想法，变消极人生为积极人生，变缺乏自信心为增加自信心。一个人，只有树立了正面的想法、积极的想法，就一定能够产生积极的结果。

第七章

改变信念，做一个完全掌控生活的人

引 爆 内 在 无 比 能 量

知道自己所需要改变的信念

最可怕的敌人，就是没有坚强的信念。

——罗曼·罗兰

一个人的人生，是由自己创造的。如果你的内心有积极的看法和信念，那是你所创造的；如果你内心的看法和信念是消极的，那也是你所创造的。**要想实现个人的突破，就要改变个人信念**，该如何来改变旧有的信念呢？

1. 让脑子想到旧信念所带来的莫大痛苦

要在心里认识到，这个旧信念不仅在过去及现在给你带来了痛苦，更要确信未来仍然会带给你痛苦；同时，还要想到新信念能带给你无比的快乐和活力。这个训练是最基本的，在日常生活中要不断反复去练习，时间长了自然能看到成效。

我们所做的每一件事，都不是为了避开痛苦，而是为了得到快乐。只要我们把旧有的信念跟足够的痛苦联想在一起，就容易改变这个信念了。

如果你对做某件事没有信心，自认为是个没有希望的人，怀抱失败的念头，潜能自然无法发挥出来。因为你已经给自己的大脑输送了一个预期失败的信号。如果开始的时候，就出现了这种念头，定然会对自己没有信心，没有干劲，更不能始终不改、坚持到底。

如果你深信自己一定会失败，这时你的信念就会加强你的不能，不断地把这种信号送入你的神经系统，限制你发挥潜能，使你做起事来无精打采、踌躇不前，效果自然不会很好……长此循环下去，就会更加强你消极的信念。

从另外一个角度来看，如果你从一开始便对自己有很高的期望，每根神经都相信自己会成功，就会发挥出巨大的潜能；做事情的时候，定然不会懒懒散散、无精打采。这时你会兴奋、有干劲、满怀成功希望、做得又快又好……这必然是一个良性循环，成功滋生成功，而每一次的成功，会让你产生更多的信心，并有冲劲去追求更上一层的成功。

林肯曾有过几次竞选失败，可是他一直相信自己的能力，最后终于成功。秘诀就在于他让自己处于被成功鼓舞，拒绝臣服于失败之下的信念，因此把他推向卓越，终有所成。

有时候要达到成功并不需要多特别的信念或态度。有些人之所以成功，是因为他们不知道某件事的困难度或不可能性。有时候，心里不存有无力感就足够了。

有个年轻人，有一次在上数学课时打瞌睡。下课铃响时，他醒了过来，抬头看见黑板上留了两道题目，以为是当天的家庭作业。回家后，他花了整夜演算，就是算不出来，可是他还是锲而不舍。终于，他算出了一题，并把答案带到课堂上。

老师看后不禁瞠目结舌，原来那一题本来是被认为无解的。如果该生知道的话，恐怕他就不会去演算了。不过因为他不知道那题无解，结果不但解开了，还找出了一种求解的方法。

2. 拥有一个推翻信念的经验

生命比我们想象的更微妙且更复杂，要重新检讨你的信念，并且要下定决心改变那些旧信念。当你丢弃一个妨碍人生的信念后，就会用一个新信念来取代空出的位子，因此这时候就要为刚刚所抛弃的两个信念写下另外两个所要取代的信念。

比如，你有一个这样的信念：“我永远不可能成功，因为我是个女性。”新的信念或可以改换为：“因为我是个女性，所以我拥有许多男性所没有的优点。”这种信念就会以一种崭新且有力的方式来引导你的情绪，迈向所未想过的人生。

如果你没有实现自己的理想，不妨自问一下这个问题：“如果我想成功，需要有什么样的信念呢?”或者是“有哪个成功人士值得我去学习呢?他有哪个成功的信念是我所没有的?” “想成功得有哪些必备的信念呢?”……回到了这一系列的问题，就知道自己必须具有的信念了。

信念具有惊人的创造和毁灭的力量！要想成功，就得选择积极的信念，让它帮助你走向所定的人生目标，使你的家庭、事业都一同蒙福。

自动清除错误信念

信念最好能由经验和明确的思想来支持。

——爱因斯坦

错误的信念会带给我们未经审慎的念头，不好的念头作用于神经系统，就会影响内分泌系统、荷尔蒙的分泌、激素的分泌，最终影响到免疫系统，导致各种疾病与病症的出现。

信念的出现是难以觉察的，同样的一种心情在不同的信念引导下，就会产生好情绪与坏情绪的差别。如果不断地向外寻求解决方法，比如，逃离这个环境、这个人、这件事，就会发现，明天、明年你又会遇到同样的问题、同样的情绪。因为问题不是出现在他人身上，主要在于你，是你没有懂得其中的道理，在一种错误信念的引导下，你便会反反复复出现这样的问题。

错误的信念，很多时候不是我们心灵深处的，不是自身生活体验的，大多是别人移植给我们的。比如，不能犯错、要得到他人的同意、要跟所有人成为朋友、一定要怎样有名有钱、怎么样是安全的、怎么样才能生活得好……很多信念都是那些过得并不好的身边的人告诉你的，我们就这样不经验证地接受了，变成了自己深深坚持的信念。于是，当一个违背这个信念的事情出现后，就会让自己遭受痛苦。

我们都不是圣人，任何事情都可能发生，比如，当裁判时，一不小心判错了分，于是不能犯错的信念就会出来折磨你，你就会深深地埋怨自己；你没有得到所有人的认可，你又会深深地责怪自己与他人。这种事情都是非常平常的，可是却会让你的内心荡起波澜。

如何应对这些事情呢？首先，可以试着对自己说：“我不喜欢犯错误，但我不抗拒它，我接受并尊重它的发生。”试着想象对他说：“我不喜欢它，但我不抗拒它，我接受并尊重它的反应。”这样不断对自己说，你就会慢慢地放开自己，放下对他人的不满，接受自己，原谅别人。

从小到大，每个人生活的环境都是不同的，因此，每个人拥有的观念与看法也是不一样的。如果你和朋友的意见出现了不一致，可能会产生争执，想要有个对错，结果损耗了能量，失去了朋友。其实，**世间万物都没有所谓的对错好坏，对错好坏只不过是人的判断而已，我们不需要得到他人的认同。**

人生从来没有真正的绝境，不管遭受多少的艰辛，不管经历多少的苦难。只要一个人的心中有正确的信念，那么总有一天就会走出困境，让生命重新开花结果。我们之所以事业不顺利，很可能来自于你根深蒂固的几个错误观念，现在就着手消除以下想法，别让它们毁了你的职涯。

1. 他人评价决定自身价值

有这种信念的人，一般都喜欢揣测老板、同事、亲戚或朋友对自己的观感，如果感觉他人给自己不好的评价，就会开始丧失自信、自我怀疑，也就很难自信地面对工作中的挑战了。

2. 过去等于未来

有些人历经几次失败的考验，便会开始认为自己永远都无法成功，而失去积极奋斗的斗志，甚至会为了避免承担失败的风险，不敢再多做尝试。这种信念不可取！

3. 一切都是命中注定

有些人认定，人生都是由运气或命运所组成的。这种因人而异的价值观并没有错，但如果带着万事都是必然的想法，则容易削弱向前冲刺的冲劲，认为“反正我无法掌握”，而被动地等待有一天命运被改变。

4. 我的目标必须完美

完美并不存在，设定太过完美的目标，只会让自己不断挫败。完美主义者容易把焦点放在太琐碎的地方，可能导致失去重心或缺乏弹性，反而无法做出出色的表现。

重新确立自我有效信念

如果一个人有足够的信念，他就能创造奇迹。

——温塞特

有这样一个故事：

世界三级跳远冠军米兰提夫，在8岁之前患了小儿麻痹症，由自己学走、学跑，研究出了怎样的姿势合乎自然法则，结果，他跳出了世界上最远的纪录。

有人问他：“到底是什么原因，使你成为奥运金牌得主和世界纪录保持者呢?”他回答说:“当我参加比赛时,一般人都在看我跳远当时的表现,其实任何运动比赛的成功,不单决定于他表现的那个时刻,重要的是决定于他表现之前所做的准备。因此,只要看运动选手所做的热身体操,就可以知道那位选手肌肉的松弛程度和得胜的概率。而能不能表现良好,不在于这个人能不能,而在于那个时刻,这个人的心态是否达到巅峰,是否拥有必胜的信念。”

人与人之间的差别,根源于他对问题的看法,根源于他的态度与信念。如果一个人的信念出了问题,那么他95%的行为就会出问题,有什么样的信念就会有什么样的人生!可是,信念并非与生俱来,而是后天获得的。成功和失败的差异在哪儿?那就是“信念”。

怎样树立成功者的信念呢?哪些信念是有效的呢?

1. 过去不等于未来

电影巨星席维斯·史泰龙十几年前十分落魄,身上只有一百美元,连房子都租不起,都是睡在金龟车里。当时,他立志当演员,并自信满满地到纽约的电影公司应聘,但都因外貌平平及咬字不清而遭到拒绝。

当纽约所有五百家电影公司都拒绝他之后,他仍然坚持“过去不等于未来”的信念,从第一家电影公司开始再度尝试,在被拒绝了一千五百次之后,他写了“洛基”的剧本,并拿着剧本四处推荐。一共被拒绝了1850次后,终于遇到了一个电影公司老板。

结果,靠着坚持到底的勇气,史泰龙终于成为闻名国际的超级巨星。

你能面对1850次的拒绝仍不放弃吗?史泰龙能,他能够做别人做不到的事,所以他能成功。相信只要你能,你也一定能!

2. 没有失败，只有暂时停止成功

很多人没有坚定的信念，一遇挫折就认为自己能力不足，因此放弃了他们的理想。其实，凡事没有失败，只有暂时停止成功。

3. 任何事情的发生都是有目的的

凯西从小被认为智能不足，在智障学校待到五岁，才被发现原来不是智障，而是因为听力有问题，于是转往特殊学校。直到十几岁时，才借着助听器过上了较为正常的生活。就在她的人生刚有起色时，一次意外车祸使她在医院躺了两年。

当时她自问："为什么我的人生有这么多的不如意?"但她随即深信：任何事情的发生必有其目的，并且有助于我。因此，咬紧牙根渡过难关。

之后，凯西交了男友，人生再度有起色时，却因为乳癌先后割掉两个乳房。可是，纵有千般不如意，她还是相信：凡事发生必有其目的，并且有助于我。

当母亲歉然地对她说"凯西，真的很对不起，把你生成这样"时，她回答："妈，你把我生得太好了，因为这样，我今天才有这份热忱把自己的体验和经历与他人分享，化恐惧为力量，化压力为动力，让自己在每一个困难中，找出值得收藏的礼物。"

凯西的演讲非常幽默，热力贯穿会场，脱口而出的笑话感染着每个人。

4. 要让事情改变，先要改变自己

一次，一个推销员在推销汽车失败时，向公司经理抱怨汽车的色彩太少、种类单一、奖金不够优厚等。经理不顾他的喋喋不休问：

"×××能赚五千美元，难道他卖的产品和你不同，奖金制度比你优厚吗？而你却只能赚一千美元，两者的差异在哪里？"这名推销员只好低下头来说："是我自己。"

要让事情改变，首先要改变自己，要让事情更好，自己首先必须变得更好。一般人在遇到困难时，总是抱怨别人，可是抱怨对于解决问题并没有太大的帮助。如果帮助不是很大，为什么不先尝试着改变自己？

5. 如果不能，一定要；如果一定要，就一定能

深夜2点，有个地方举办了走火大会。十二尺长火花纷飞的木炭让人联想到烤肉架上的肉，十分恐惧。有个男孩特意走在一个小女孩后面，心想如果她走得过去，我也应该走得过去。

走火开始后，数百人走了过去，脚部都安然无恙。男孩看到这个情景，隐隐增强了一些信心。可是，当他发现前面的女孩双脚不停发抖时，他的信心又动摇了，这时，旁边有个人大喊一声："GO！"女孩竟大踏步走了过去。男孩想，她可以，我也一定能！接着，他便信心十足地走了过去。

很多事情看起来都很困难或不可能，可是只要你下定决心一定要的时候，它们就会变得非常简单。在面对困难时做最有效的决定，在面对挑战时要坚信：如果我不能，我一定要；如果我一定要，我就一定能。

6. 成功者绝不放弃，放弃者绝不成功

全美四大推销大师之一汤姆·霍普金斯，从小就背负着父亲希望他当律师的期许，结果他浪费了父亲毕生的积蓄，从律师学校休学回家。父亲失望地流下泪来，并说："汤姆，我看你这辈子都不会成功了！"

第二天汤姆离家出走，选择了推销房地产的行业。前六个月，汤姆一点业绩也没有，身上只剩一百美元。最后，他花费这仅有的一百美元参加了一门加强推销技巧的研讨会，之后他连续八年得到了全美房地产的销售冠军。

有人问，汤姆是如何成功的？他说：“我有一个信念：成功者绝不放弃，放弃者绝不成功。”

什么路都可选择，但就是不能选择“放弃”这条路。**成功是一种心态，一种习惯，一种思考模式，一种生活方式**。成功，就是简单的事情重复地做。成功要比失败来得容易，只要你有目标，知道你所想要的，采取行动，绝不放弃，就会成功！

始终怀着希望面对新信念

信念只有在积极的行动之中才能够生存，才能够得到加强和磨炼。

——苏霍姆林斯基

信念，是成功的起点，是托起人生大厦的坚强支柱！如果你有坚定的信念，你就能够创造奇迹。**信念在，希望就在！**

很久以前，为了开辟新的街道，伦敦拆除了许多陈旧的楼房。可是，新楼却很长时间没有开始建造，旧楼房的地基，在那里任凭日晒雨淋。

一天，一群自然科学家来到了这里，他们发现，在这一片多年来未见天日的地基上，因为接触了春天的阳光雨露，竟长出了一片野花、野草。而且，其中一些花草是英国人从来没有见过的，通常只生长在地中海沿岸的国家。

这些被拆除的楼房，大多是在罗马时期沿着泰晤士河进攻英国时建造的，也许花草的种子就是那个时候被带到了这里。它们被压在沉重的石头砖瓦之下，一年又一年，几乎已经完全丧失了生存的机会。可是一旦见到了阳光，就立即恢复了勃勃生机，绽开了一朵朵美丽的鲜花。

种子的生命力足以令人惊叹，它们是如此的柔弱，却又如此的坚忍，即使是在沉重的砖瓦下压上数百年，依然保持了鲜活的生命。一旦阳光照耀，一旦雨露滋润，就又焕发出了勃勃的生机。

其实，人生从来没有真正的绝境。不管遭受多少艰辛，不管经历多少苦难，只要一个人的心中还怀着一粒信念的种子，总有一天能走出困境，让生命重新开花结果。人生就是这样，只要信念在，希望就在。

有一年，一个人和他的朋友去一个地方，他从来没走过这么远的路。

走啊走啊，累得气喘吁吁，他就问朋友："到了没有?"朋友说："就快要到了。"可是，走了很久，还没到。

他又问："到了没有?"朋友还是回答说："就在前面，很快就要到了……"这样的问答重复了无数遍之后，终于到了目的地。

后来，这个人问他的朋友："到底有多远?"朋友回答说："五千米多。"

如果朋友早说是这么远，这个人肯定走不到终点，但朋友没有这样说，每次总是告诉他"就快要到了，就在前面"。所以，他终于走到了目的地。

决定你是否处于最佳状态的因素便是你的信念。当你的心灵只为一种可能的结果所盘踞时，你的心灵将会产生一种魔力。你的思考过程和整个神经系统会将一切的力量都凝聚于产生这个结果。

坚守信念才能收获希望

人，只要有一种信念，有所追求，什么艰苦都能忍受，什么环境也都能适应。

——丁玲

在佛教经典中有一则这样的故事：

一位富翁上了年纪，非常担心儿子的前途。虽然他有庞大的财产，却害怕遗留给儿子反而带来祸害。他想，与其留财产给孩子，还不如教他自己如何去奋斗。

这一天，富翁将儿子叫过来，对儿子说了他如何白手起家，经过艰苦的拼搏才有今天。父亲的故事感动了这位从未出过远门的青年，激发起他奋斗的勇气，于是他立下誓愿：他要出去寻宝，如果不找到宝物绝不返乡。

青年打造了一艘坚固的大船，在亲友的欢送中出海了。他驾船渡过了险恶的风浪，经过无数的岛屿，最后在热带雨林中找到了一种树木。这种树木高达十余米，在一片雨林中只有一两株。

砍下这种树木之后，青年便用了一年的时间让外皮朽烂，留下了木心沉黑的部分。没想到，这种木头会散发出一种无比的香气，还会沉到水底去。青年想：这真是无比的宝物啊！

青年把浓香无比的树木运到市场出售，可是没有人来买，他感到非常烦恼。他看到与他相邻的摊位上有人在卖木炭，小贩的木炭总是很快就卖光了，于是便将香树变成木炭来卖。

第二天，青年就将香木烧成了木炭，挑到市场，一会儿就卖光了。青年非常高兴，得意地回家告诉他的老父。老父听了，忍不住落下泪来。

原来，青年烧成木炭的香木，正是世界上最珍贵的树木——沉香。只要切下一小块磨成粉屑，价值就会超过一车的木炭。

记得有句格言说，“胜利者不一定是跑得最快的人，而是最能耐久的人”。的确，世间任何事业的成就都不会是一帆风顺。**在通往成功目标的过程中总会遇到各种困难，唯有那些始终坚守自己信念的人才会最终取得成功。**

一个工程师爱上一位年轻的女大学生，这对他个人的生活来说无疑是一个机遇。所以他决定向她求爱，可是她却躲避，因为她已经有男朋友了。可是这位工程师依然经常出现在女大学生面前，还给她送鲜花，向她表白。

女大学生的男朋友知道了这件事情后，担心自己结局不妙，竟然主动中断了与女大学生的关系。可是，很快女大学生又结识了另外一个男朋友。工程师得知后，竟然写信给这位男朋友说：“我是唯一能以全身心爱她的人，这一点你做不到。”男朋友的自信心较量不过工程师，也主动退出了情场的竞争。

这时，女大学生年龄也渐渐大了，她向法院起诉，说工程师有跟踪、恐吓、侵犯人权等罪。法院当庭判决工程师45天拘留。可是当原告和被告一起走出法庭大门时，女大学生竟觉得自己有点过分了，工程师却向她笑着说：“亲爱的，45天以后我再来找你。”

女大学生被工程师扑不灭的热情和坚毅的自信所打动，转身回到法庭，要求撤诉。后来，两个人终成伉俪。

这个故事虽然富于浪漫色彩，但它包含的生活哲理却是耐人寻味的。或许很多人都认为，那个工程师未免太“傻”了吧？但是，信心的确能影响事情成败。倘若他犹豫了，倘若他对自己丧失了信心，那就将失去机遇，失去她，也就失去了幸福。

在漫无边际的旅程中，重要的不是一个人飞得有多高、有多远，关键在于有明确的方向。信念就像是指引方向的罗盘，在人生的远航中指引我们前行的方向。试想，在最关键的时候，如果没有这样的外力推动，会出现什么样的后果？

一天，一群青蛙想爬到对面那座大山上去看看上面的风景，于是所有青蛙一起出发。当爬到半路时，一些青蛙动摇了："我们为什么要如此艰辛爬到山上去看风景，风景不都是一样的吗"？

慢慢地，有一些青蛙退出了前行的队伍，到最后只有一只青蛙爬到了山顶。青蛙们为这只青蛙欢呼雀跃，问它怎样才能坚持到最后，它却并不作答。原来这只青蛙是聋子，它只知道大家一起爬山，没有受到外界的干扰。

由此可见，保持内心的宁静，不受外界干扰，坚持做应该做的事，就可以做到坚守信念，实现自己的目标。**人生的价值并不在于成功后的荣光，而在于追求的本身，在于信念的树立与坚持的过程。**

一个人有了信念，并且去坚守，能做到不抛弃、不放弃，就一定会看到希望、迎来曙光。坚守信念，犹如在内心撒下一颗种子，只要在合适的条件下，种子自会生根发芽破土而出，总会有收获果实的希望。有时需要外力辅助才可取得成果，但最终还要靠自己去完成，因为任何人也不可能把信念深植于你的心中。

要坚守自己的信念，播下希望的种子！

第八章

制定目标前，多问几个“为什么”

引 爆 内 在 无 比 能 量

你追求的是自己真正需要的吗

人生的意义不在于他所达到的，毋宁在于他所希望达到的。

——纪伯伦

渴望过富裕的生活虽是人之常情，但你真的需要那种生活吗？有些人为了追求这种生活，牺牲了原来拥有的一切，如人际关系。生活过得越优越，得到的满足就越少。可是浮华的生活不一定带给人安宁、快乐与满足，拥有富裕生活的人即使遇到了可以体验快乐与满足的机会，也常与之擦肩而过。

你能接受什么，生活就给你什么。**有时候，人生就像是一场战斗，只有知道自己要的到底是什么，牢牢把握住人生的方向，才是最重要的**！麦克高中毕业的时候就碰到了这样的问题。

上大学之前，麦克在达拉斯市区的一家人寿保险公司里做暑期工作。麦克在记账部门，负责把收进来的健康保险费登记到账本上。

那时的记账工作完全靠手写，不到一个星期就能学会。这是一份枯燥、重复、毫无挑战性的工作！麦克做了两个星期后，一天晚上吃饭的时候，爸爸问他喜不喜欢自己的新工作，麦克无比坚决地回答他：“嗨！说实话，我真讨厌这份工作！我只希望能熬满三个月，大学开学就好了！”麦克觉得爸爸好像被他那强烈的情绪吓了一大跳。

其实，和麦克一起工作的女士们，不管年轻还是年长，都让他震惊！她们和他有着不同的价值观和道德观。部门主管对待顾客的态度非常恶劣，麦克觉得很难过！麦克每天都眼巴巴地盼着五点钟的下班铃响。上班时间，他对人很有礼貌，但他尽量少说话。

正是因为这份假期工作，麦克开始深刻地认识到——能去上大学真是好幸运啊！他明白了，上大学可以给自己更多选择的机会，他可以选择工作的环境和同事。

麦克清楚地知道了什么是自己想要的，什么是他不想要的。他不愿意被迫和自己不喜欢也不尊重的人一起工作，而教育给了他更多的选择。

谁在掌控我们的人生？等着别人丢给我们是一切，还是去获得自己想要的一切？得到自己想要的，首先就得知道我们想要的是什么，然后自己去争取。梦想不会自动变成现实，在生活中，你必须主动出击！

如果我们不知道自己想要的到底是什么，就不知道该去追求什么。如果我们不知道该追求什么，就不得不等待、盼望，最后捡起生活扔给我们的一点残杯冷炙。

生活中所有的重大决定都要经过深思熟虑，不要放弃任何机会。你可以也应该为自己争取更多。要弄明白究竟什么是你真正想要的，然后，毫不妥协地去追寻！

要满足自己的欲望，最好是追求自己真正需要的东西。欲望越少，越活得轻松。有位智者说：“成功就是得到你想要的东西；快乐就是接受你得到的东西。”佛家也有类似的说法：“少欲无为，身心自在。”若想活得知足快乐，就不要追求自己没有的东西。

你可以算算自己拥有多少看起来微不足道的好福气，然后慢慢享受那些你早就拥有，却从未珍惜的福分，再想想忙碌的生活让你放弃、损失、遗忘了哪些值得珍惜的事物，珍惜身边事物。并不是说你不该追求其他东西，两者可以并行不悖。

很多时候，自己都不知道自己想要的到底是什么，所以才有了那么多口是心非的理由，实际上，这都是怯懦和没有勇气去面对现实的借口罢了。

知道自己想要的是什么？这本来不是件什么困难的事，每个人的内心里最清楚，不用别人说，也不用去请教，自己就很明白，可是为什么原本很明白的事情却变得如此复杂，以至于把自己都搞糊涂了呢？

由于社会分工的不同，人们从事着不同的工作，明白自己想要的是什么。如果不明白自己想要的是什么，那么我们这一生都是在疲于奔波，因为没有实现自己的梦想，也就体会不到属于自己的快乐。

人生有不同的阶段，每个阶段的心智和需求都有所不同，一个从一而终追求下去的人，应该是个幸福的人，即使别人觉得他平凡，但是对于他来说，应该是少走了些弯路，并省去了需要重新选择的麻烦。这种人生可能是少之又少，因为大多数人都是生活在一个未知的变数里。现在梦寐以求的，将来又可能弃之于不顾；想要的有了，又不想要了；不想要的不要了，却又想要了。

在这个过程中，还不是简单的想要就要，想不要就不要，而是很可能在想要的和不想要的个体之间又会发生许多的矛盾和纠纷，于是难免又要发生断裂和决绝。到最后，真的是谁也不明白自己到底想要什么了。

告诉自己，制定目标有多重要

在一个崇高的目标支持下，不停地工作，即使慢，也一定会获得成功。

——爱因斯坦

世界上只有3%的人曾经定下过清晰而长远的人生目标，这就是为什么成功者总是极少数的根本原因。

1952年7月4日清晨，加利福尼亚海岸笼罩在一片浓雾之中。一位女子涉水进入太平洋中，开始向加州海岸游去。要是成功了，她将是第一个游过这个卡塔林纳海峡的女性。

早晨的海水冻得她身体发麻，雾很大很大，她连护送自己的船都几乎看不见。一个小时过去了，又一个小时过去了，千千万万人在电视上注视着她。

60多个钟头之后，女人被冰冷的海水冻得浑身发麻。她知道自己不能再游了，就叫人拉她上船。母亲和教练告诉她海岸很近了，叫她不要放弃。但她朝加州海岸望去，除了浓雾什么都看不到。几十分钟之后，人们把她拉上了船。而拉她上船的地点，离加州海岸只有半英里（约800米）！

当别人说出这个事实后，女人很沮丧，她告诉记者，真正让她功亏一篑的不是疲劳，也不是寒冷，而是在浓雾中根本看不到目标！

两个月后，依旧是大雾弥漫的天气，依旧是在拼搏了60多个小时后，弗洛伦丝却坚定地相信："1英里的地方就是海岸。"这一次，她成功了！因为她虽然眼中看不到目标，但她心中却早已坚信，目标就在1英里处！

女人之所以会失败，主要原因就在于她在浓雾中看不到目的地。如果那天没有大雾，她就不会丧失信心而放弃最后的努力。这个故事告诉我们：**要想获得成功，就必须要确定一个清晰可见的目标，因为目标是使人奋勇向前的动力源泉。**

没有目标，就没有计划的内容。简单地说，计划是实施你为自己设定的目标。如果想减去5斤或50斤的体重，你可以通过在日常计划中增加练习和减肥活动来实现这一目标。如果目标是购置一套新房，那么你的计划就要从调查和列出自己目前可以用来支付首付的收入来源、按揭贷款、保险、月供、水电气费、绿化费、装修、修理、搬家费用、小区学校和休闲娱乐设施及其他因素等方面开始。

你可以随意地制定目标，可是越随意，实现梦想的机会就越小。如果你还想知道在生活中为什么应该制定明确的目标，为什么目标是通向自我领导的敲门砖，请仔细考虑以下几个理由：

1. 目标指引方向

在着手行动之前，必须对未来有一个明确的认识。只有诚实地勾画出理想中的未来，才能将这种愿景变成让你如愿以偿的目标。如果没有目标，你可能在任何地方停下来，不再前进。如果确定好目标，你会选择做那些促使自己向目标进发的事情。

2. 目标告诉你已走了多远

目标是实现未来愿景的道路上的里程碑。如果你决定必须完成 7 个目标才能到达终点，而已经完成了其中 4 个，那么你就清楚地知道自己还有 3 个目标需要完成。

3. 目标有助于实现愿景

目标有助于将计划分成若干个步骤或任务。计划的逐步实现，会使愿景比较容易变为现实。终极目标将有助于调动自己的积极性，从而更容易坚持下去。一蹴而就地实现愿景是不可能的，每次只走一小步，积少成多，才会更容易实现目标。

4. 目标提供奋斗的方向

事实告诉我们：当人们向超过自己正常水平的目标挑战时，往往能激发出更多的潜能。实现目标不仅能让人们感觉到生活得有意义，而且还可以消除因生活缺乏挑战性而引起的无聊情绪。

一定要有清晰的目标

没有目标，哪来的劲头？

——车尔尼雪夫斯基

古希腊彼得斯说："须有人生的目标，否则精力全属浪费。"古罗马小塞涅卡说："有些人活着没有任何目标，他们在世间行走，就像河中一棵小草，他们不是行走，而是随波逐流。"没有清晰的目标，就等于将成功的希望交给了他人。

每个人看起来总是忙碌不堪，可是当被问到为何而忙时，大多数人除了一问三摇头之外，唯一可能的回答就是："瞎忙！"法国科学家约翰·法伯曾做过一个著名的"毛毛虫试验"：

这种毛毛虫有一种"跟随者"的习性，总是盲目地跟着前面的毛毛虫走。法伯把若干个毛毛虫放在一只花盆的边缘上，首尾相接，围成一圈；在花盆周围不远的地方，撒了一些毛毛虫喜欢吃的松针。

毛毛虫开始一个跟一个绕着花盆，一圈又一圈地走。一个小时过去了，一天过去了，毛毛虫们还在不停地团团转。一连走了七天七夜，终因饥饿和精疲力竭而死去。

这其中，只要任何一只毛毛虫稍稍与众不同，便立刻会过上更好的生活——吃松叶。

人又何尝不是如此？随大溜，绕圈子，瞎忙空耗，终其一生。之所以会出现这一幕幕的"悲剧"，皆因缺乏明确的人生目标。

成功者总是少数的根本原因是什么？卡耐基曾对世界上一万个不同种族、年龄与性别的人进行过一次关于人生目标的调查。他发现，只有3%的人能够确定目标，并知道怎样把目标落实；而另外97%的人，要么根本没有目标，要么目标不确定，要么不知道怎样去实现目标……

十年之后的调查结果显示：调查样本总量的5%找不到了，95%的人还在；属于原来97%范围内的人，除了年龄增长10岁以外，在生活、工作、个人成就上几乎没有太大的起色，还是那么普通和平庸；而那原来与众不同的3%，却在各自的领域里取得了成功。他们十年前提出的目标，都不同程度得以实现，并正在按原定的人生目标走下去。

美国曾有一位医生对世界各地数十名百岁老人进行研究，想从他们的共同特点中，找出长寿的根本因素。他原以为这些因素会是食物、运动、节制等，可是研究结果令医生大为惊讶。他发现，这些寿星在饮食和运动方面并没有什么共同特点，他们共同的特点是——有长寿目标！

目标是人们行动的依据，没有清晰的目标，人们的热忱便无的放矢，无处依归；有了目标，才有斗志，才能开发人们的潜能。

对一艘盲目航行的船只来说，任何方向的风都是逆风。对于出租车来说，最危险的时候是在什么时候？答案是：没有乘客的时候。因为有乘客的时候，司机有目标，他就会全神贯注地驾驶，同时想方设法尽快到达目的地；而没有乘客的时候，他是盲目的，走到十字路口左转右转犹豫不定，同时左顾右盼精力分散。

人生的目标，不仅是理想，同时也是约束。有约束，才有超越，才有发展，才有“自由”！如果跳高运动员的前面不放一根横杆，让他漫无目的自由地跳高，永远也跳不出好成绩。正确的方法是，在他面前设定目标，放置一根横杆约束他，让他不断地超越，横杆也就随之不断升高。

人生在世，最紧要的不是我们所处的位置，而是我们活动的方向。何时、何地以何种方式开始我们的一生，是无法选择的。一生下来我们就处在一种身不由己的环境中，可是随着年龄的增长，我们的选择会越来越多。

有了目标，内心的力量才会找到方向。满腔的热血、能量才有着落、责任、使命、荣誉……有目标，生活才处于追索的状态，才会感到充实，感到快乐。

想象一下目标实现与否的快乐与痛苦

一个崇高的目标，只要不渝地追求，就会成为壮举。

——华兹华斯

成功的人时常想到成功的景象，失败的人时常想到失败的景象。将目标实现后的成功感觉映在脑海里，预先视觉化，建立一幅明确而具体的心理景象。任何一件事情，只要你持续地放在脑海中，就可能达到和拥有所想要的模式。

几年以前，一个世界探险队准备攀登马特峰的北峰，在此之前从来没有人到达那里。记者对这些来自世界各地的探险者进行了采访。

记者问其中一名探险者：“你打算登上马特峰的北峰吗？”他回答说：“我将尽力而为。”

记者问另一位探险者：“你打算登上马特峰的北峰吗？”这位名探险者回答：“我会全力以赴。”

记者问了第三个探险者同样的问题。他说：“我将竭尽全力。”

最后，记者问一位青年：“你打算登上马特峰的北峰吗?”这位青年直视着记者说：“我将要登上马特峰的北峰。”

结果，只有一个人登上了北峰，就是那个说“我将要”的青年。他想象自己到达了北峰，结果他真的做到了。

尽力而为、全力以赴、竭尽全力永远都不如积极的心态来得自然。不管追求的是什么，我们都应该在实现目标之前想象自己已经做到了这点。

视觉化是达成目标的关键！你所要做的就是要把目标当作已经实现进行视觉化，想象它们已经存在。只有通过“现在时”不断强化和输送想象画面，你的潜意识才能被激活。想象你正处在最佳状态，想象你所面临的情况一切顺利，随你所愿，想象自己生活在理想的生活状态中，想象自己拥有理想的爱情、健康、车子和房子。

一定要记住，你的潜意识并不能分辨出现实和想象的区别；你把自己想象成什么，你就有可能成为什么。当你把事情视觉化时，你的大脑就会不停地工作，去完成它所接收的信息。只要你能想得到，你就能得到。心想事必成！

我们每个人都拥有强大的力量，可是大多数人都不知道要如何去用。这个力量就是想象。每天练习想象你的梦想已经实现，就能加快你达成愿望的速度。以舒适的坐姿，闭上眼睛，开始想象梦想和目标已经实现的情景，细节要尽量生动，想象力就会在你的体内透过眼睛往外窥探你所梦想的结果。

如果你的愿望是去美国旅行，那就闭上眼睛，想象你身在美国境内，在自由神像前看到辽阔的风景；想象你在旧金山俯视金门大桥、在华尔街体验置身于世界金融中心的刺激感，或是想象在华盛顿、纽约的最佳餐馆享受美国美食的喜悦。

如果你的梦想是赢得奥运会溜冰比赛冠军，那就想象每一个细节，从你进入比赛场开始，你做暖身的溜冰动作，集中精神放松身体，等着轮到你上场表演。接下来想象每一个竞赛的细节，从你踏上溜冰场，第一段音乐响起的时刻开始，每个令人振奋的跳跃和完美的落地、最后的旋转和结束动作，以及观众站起来为你发出如雷的掌声——每一个细节都在你的脑海里，就像你所希望的那样。

第九章

用目标引爆创造未来的内在无比能量

引爆内在无比能量

个人目标的制定很重要

人没有目标，就变成了行尸走肉。

——契诃夫

杰出人士与平庸之辈的根本差别并不是天赋、机遇，而在于有无目标。有些人每天都按熟悉的“老一套”生活，从来不问自己：“我这一生要干什么？”他们对自己的作为不甚了了，因为他们缺少目标。

唐太宗贞观年间，长安城西的一家磨坊里，有一匹马和一头驴子。它们是好朋友，马在外面拉东西，驴子在屋里推磨。贞观三年，这匹马被玄奘大师选中，出发经西域前往印度取经。

17年后，这匹马驮着佛经回到长安，来到磨坊会见驴子朋友。老马谈起这次旅途的经历：浩瀚无边的沙漠，高入云霄的山岭，凌峰的冰雪，热海的波澜……那些神话般的境界，使驴子听了极为惊异。

驴子惊叹道：“你有多么丰富的见闻啊！那么遥远的道路，我连想都不敢想。”老马说：“其实，我们跨过的距离是大体相等的，当我向西域前行的时候，你一步也没停止。不同的是，我同玄奘大师有一个遥远的目标，按照始终如一的方向前进，所以我们打开了一个广阔的世界。而你被蒙住了眼睛，一生就围着磨盘打转，所以永远也走不出这个狭隘的天地。”

当老马始终如一地向西天前进时，驴子只是围着磨盘打转。尽管驴子一生所跨出的步子与老马相差无几，可因为缺乏目标，一生都没有走出狭隘的天地。

生活的道理同样如此！**对于没有目标的人来说，岁月的流逝只意味着年龄的增长，平庸的他们只能日复一日地重复自己。**如果想成为一名百万富翁、千万富翁，想做一名成功者，就要点亮自己的“北斗星”。

一个人不管现在年龄有多大，他真正的人生之旅，都是从设定目标的那一天开始的。以前的日子，不过是在绕圈子而已。只有设定了目标，人生才有了真实的意义。

朱利斯·法兰克博士是一个大学的心理学教授，虽然已经70岁高龄，却保有相当年轻的体态。秘诀是什么？

第二次世界大战期间，法兰克在远东地区的俘虏集中营里。那里的情况很糟，食物短缺，没有干净的水，放眼所及全是患痢疾、疟疾等疾病的人，简直无法忍受。有些战俘在烈日下无法忍受身体和心理上的折磨，对他们来说，死已经变成最好的解脱。法兰克自己也想过一死了之，但是有一天，一个人的出现扭转了他的求生意念——一个中国老人。

那天，法兰克坐在囚犯放风的广场上，身心俱疲，心里正想着，要爬上通了电的围篱自杀是多么容易的事。一会儿之后，他发现身旁坐了个中国老人，因为太虚弱了，法兰克还恍惚地以为是自己的幻觉。毕竟，在日本的战俘营区里，怎么可能突然出现一个中国人？

老人转过头来问了法兰克一个非常简单的问题，却救了他的命：“你从这里出去之后，第一件想做的事情是什么？”这是法兰克从来没想过也不敢想的问题。但是在他心里却有答案：我要再看看我的太太和孩子们。突然间，法兰克认为自己必须活下去，那件事情值得自己活着回去做。

那个问题救了法兰克一命，因为它给了法兰克活下去的理由！从那时起，活下去变得不再那么困难了，因为法兰克知道，自己每多活一天，就离战争结束近一点，也离梦想近一点。

目标，是值得奋斗的事。要真正地活着，快乐地活着，就必须有生存的目标。有了目标，我们才知道要往哪里去，去追求些什么。没有目标，生活就会失去方向，而人也成了行尸走肉。

人们生活的动机往往来自于两样东西：不是远离痛苦，就是追求欢愉。目标可以让我们把心思紧系在追求欢愉上，而缺乏目标则会让我们专注于避免痛苦。同时，目标甚至可以让我们更能够忍受痛苦。如果你已经有个目标在那儿，你就更能忍受达到目标之前的那段痛苦期。

有目标会让人们比较快乐。因为我们不只从食物中得到精力，还会从心里获得精力，而这股热诚则是来自于目标，对事物有所企求，有所期待。为什么很多人不快乐？一个非常重要的原因就是，他们的生活没有意义，没有目标。早晨没有起床的动力，没有目标的激励，在生命旅途中迷失了方向和自我。

如果我们有目标要去追求的话，生活的压力和张力就会消失，就像障碍赛跑一样，为了达到目标，不惜冲过一道道关卡和障碍。这就是“目标的力量”！

人们都有一种倾向，即一旦实现一个目标，就会有一种泄劲的感觉，不再努力，然后坐享其成。在生活和工作中，明确自己的目标和方向是非常必要的。只有知道你的目标是什么，你到底想要做什么之后，你才能达到自己的目的，你的梦想才会变成现实。人生蓝图的核心是“我一定要成功”，人生就是不断地从成功走向更加辉煌的成功。

（1）设定好目标，每月写下你的生命计划。

（2）计划好每一天，每天晚上做好第二天的安排，并自我检查当天的计划实施情况。

（3）持之以恒，不能间断，即使处在人生的低谷或事业发展不顺时，也不要放弃。

目标的制定适合自己最关键

成功者要有远大的理想，但要有合理的目标！

——陈安之

制定目标的时候，经常会犯一个错误，就是定得越高越好，认为目标定得高了，即便自己只完成了80%也能超出自己的预期。实际上，这种思想是有问题的，持有这种思想的管理者过分依赖目标，认为只要目标制定了，就会去达成。

古时有个渔夫，是出海打鱼的好手。可他却有一个不好的习惯，就是爱立誓言，即使誓言不符合实际，他也八头牛都拉不回头，将错就错。

这年春天，听说市面上的墨鱼价格最高，于是便立下誓言：这次出海只捕墨鱼。但这一次鱼汛所遇到的全是螃蟹，他只得空手而归。回到岸上后，他才得知在市面上螃蟹的价格最高。渔夫后悔不已，发誓下一次出海一定要只打螃蟹。

第二次出海，他把注意力全放到螃蟹上，可这一次遇到的却全是墨鱼。不用说，他又只能空手而归了。晚上，渔夫抱着饥饿难忍的肚皮，躺在床上十分懊悔。于是，他又发誓，下次出海，不管是遇到螃蟹，还是遇到墨鱼，他都要捕捞。

第三次出海后，渔夫严格按照自己的誓言去捕捞，可这一次墨鱼和螃蟹他都没有见到，见到的只是一些马鲛鱼。于是，渔夫再一次空手而归。

渔夫没有赶得上第四次出海，他在自己的誓言中饥寒交迫地死去了。

当然，这只是个故事。世上没有如此愚蠢的渔夫，但是却有这样愚蠢至极的誓言。

许多时候，**目标与现实之间存在着一定的距离，需要我们根据实际情况，做出适当的调整，绝不能为了不切实际的誓言和愿望活着。**

实际上，制定目标是一回事，达成目标又是另外一回事，制定目标是明确做什么，完成目标是明确如何做。与其用一个高目标给自己增加压力，不如制定一个合适的目标。

合适的目标是可以跳一跳能够得着的目标，当自己经过努力之后可以达成目标，目标才会对你有吸引力。

几个人在岸边垂钓，旁边几名游客在欣赏海景。一名垂钓者竿子一扬，钓上了一条大鱼，足有三尺长，落在岸上后，仍腾跳不止。可是钓者却用脚踩着大鱼，解下鱼嘴内的钓钩，顺手将鱼丢进海里。

周围围观的人响起一阵惊呼，这么大的鱼还不能令他满意，可见垂钓者雄心之大。

就在众人屏息以待之际，钓者鱼竿又是一扬，这次钓上的是一条两尺长的鱼，钓者仍是不看一眼，顺手扔进海里。

第三次，钓者的钓竿再次扬起，只见钓线末端钩着一条不到一尺长的小鱼。围观众仍以为这条鱼也肯定会被放回，不料钓者却将鱼解下，小心地放回自己的鱼篓中。

游客百思不得其解，就问钓者为何舍大而取小。

想不到钓者的回答是：“喔，因为我家里最大的盘子只不过有一尺长，太大的鱼钓回去，盘子也装不下。”

人生的道路上，找到适合自己的目标非常重要。否则，将永远挣扎于不满意的情绪之中。

对于人生和事业目标的选择，适合自己的才是最佳的。每个人都有自己的长处和短处，能力和智商也有大小，如果选定的目标偏离自己的长处，或者高于自己的能力，或者低于自己的能力，都是不合适的。

1. 目标很重要，选择合适的目标更重要

选择合适的目标，需要自己不断地反思，认清自己的特点和不足，然后再给自己一个准确的定位，从而找到合适的目标。目标一旦定下来，就要信任自己和自己的能力，内心绝不可轻易承认有失败的可能性。想着自己的长处而不是短处，想着自己的能力而不是问题。

2. 要找到适合自己的目标，首先就要学会脚踏实地

人生就像下棋，是需要一步一步走出来的。没有人可以一步登天。在这个繁华灿烂的世界里，我们更应该让自己踏实下来，平静下来，正确地去评价自己、认识自己，知道自己的能力和抉择出什么是适合自己的目标。而当自己有了正确的目标时，就更会踏实地为之努力。

3. 有了适合自己的目标，就要有坚定的信念

很多人的失败不是因为选择目标的错误，而是没有坚定的心去完成它。目标是没有高低之分的，不要因为别人的目标比自己远大而去动摇自己的心。

正确的目标就如同黑暗中指引你前进的火把，它不会熄灭，也不会因燃烧过猛而伤害到你。也只有在它的帮助下，才会使你走出黑暗，通向光明。

将大目标分解成小目标

一个人一次只能着手解决一项有限的目标。

——贝弗里奇

有时过大或者长期目标会让人招架不住，几周过后，就容易丧失动力，因为达成目标总还需几个月、一年，或者更长时间，为一个单独的目标保持长久的热情是很难的。其实解决办法很简单：将大目标分解成小目标。

在一次国际女子马拉松邀请赛上，一位名不见经传的女选手意外地夺得了冠军。当记者问她凭什么取胜时，她只说了“用智慧战胜对手”一句，当时许多人认为她这是在故弄玄虚。

三年后，在另一次国际马拉松邀请赛上，这位女选手再次夺冠。记者又请她谈经验，这次女选手还是那句话：“用智慧战胜对手。”许多人对此迷惑不解。

这位女选手解释说：“每次比赛前，我都要乘车把比赛的线路仔细看一遍，并画下沿途比较醒目的标志，比如第一个标志是银行，第二个标志是红房子……这样一直画到赛程终点。比赛开始后，我奋力向第一个目标冲去，等到达第一个目标后，我又以同样的速度向第二个目标冲去。40 多千米的赛程，就这样被我分成这么几个小目标轻松完成了。”

故事中的女选手，将大目标分解为多个易于达到的小目标，一步步脚踏实地，每前进一步，达到一个小目标，使他体验了“成功的感觉”，而这种“感觉”强化了她的自信心，并将推动她发挥稳步发展的潜能去达到下一个目标。

实现目标的过程，是由现在到将来，由低级到高级，由小目标到大目标，一步步前进。所有的目标，不管大小，一定要分解到你现在去做些什么！要像剥洋葱一样，将大目标分解成若干个小目标，再将每一个小目标分解成若干个更小的目标，一直分解下去，直到现在该去干点什么。

这里给大家介绍几种分解大目标的方法。

1. 给你的目标下一个明确的定义

首先，必须对你的终极目标有一个明确的描述。许多大的目标就是因为太模糊了以至于难以开始，更难以实现。例如，如果你想跑马拉松，其中的意味究竟是什么呢？是跑完了整个马拉松路程就算完成，还是你想在规定的时间内完成全程？

要弄清楚你的目标，决定好你的目的是什么并记录下来。一旦你做好这一步，你便可以开始下一步了。

2. 将你的目标分解成几个重要的里程碑

大多数的目标都可以分解成明确的事件。例如，假定你打算经商，重点可能是：做好一切开始经商的准备（包括计划、资金、工具等）；赚得足够可以让你辞掉白天的工作的钱，全心全意地做生意……这样，目标虽然还是很大，但是却更容易控制。

3. 写一个任务单

你不必制定出你的整个目标，只需要写出第一个重要事件即可。写出一个清晰的任务清单，包括：你究竟需要做些什么？你的任务清单不必很长也不必太复杂，但必须清晰。若还是有些模糊的项目，便继续将它们细分。

现在，你的大目标已经被分解成很多小步了。在接下来的一到两周你便知道你该做些什么了，而且你也可以了解已经列出的接下来几个月或是几年的重要事件了。所有这些小步骤对大目标的实现真的会有所助益，一年下来，你会收获一些令人惊奇的东西。

积极实现自己的目标

将无法实现之事付诸实现正是非凡毅力的真正标志。

——茨威格

每个人都想成功！有人想成功地减肥、学吉他，也有人想学会快速阅读或开始创业。对于那些曾经尝试过但却以失败告终的人们而言，成功看起来难以捉摸。

为什么有人成功而有人失败呢？首先，这与人们的心态有关。其次，成功的人士养成了一些习惯，这些习惯可能是他们天生就具有的，也可能是后天养成的，但却是其他人不具有的好习惯，引导着他们积极实现自己的目标！

1. 确定自己的核心价值观

对你来说什么是重要的？找出你的核心价值观，这看上去可能和成功没什么关系，但是建立和你价值观一致的目标是建立内在激励体系的关键。想一想你最看重的是什么，找出它们并记下来。每天都要提醒一下自己的价值观，并想一想自己有没有通过工作履行这些价值观。

2. 选择一个目标

选择一个目标开始行动。这个目标要足够大，能让你有一种成就感，并和你的核心价值观一致，关键是要集中注意力。对一个目标的关注越多，你成功的可能性就越大。如果你同时做很多事情，可能什么也做不好，你可能永远也不会完成计划，因为需要花费的时间太多。相信我，任务多并不像想象中的那么好。

3. 为成功设定期限

为成功设定一个日期，确定自己希望何时达成目标。设定时要切合实际，但也不要给自己太多时间。设定时间期限可以使成功的梦想更容易成为现实。

4. 树立正确的心态

相信自己有能力实现自己的目标。想象自己恰好在规定的时间内完成了目标——虽然提早达成目标也可以。要认为自己一定会成功。其他人可能认为你会失败，但是你自己不要这么认为！

5. 设定错过最后期限的结果

需要是发明之母，如果你能自我激励，这很好。如果你不能，设定错过最后期限的结果会帮助激励你，并让你进入工作状态，把注意力集中在如何能够成功上。

6. 设定每周和每天的具体目标

把目标按周和日进行具体化分解，设定计划来实现总体目标。

尽可能把每天的任务数量设得低一点儿，把注意力集中在你所计划的任务上。如果你发现自己完成了任务，从每周任务列表里再选一个目标。在你状态最佳时完成最难的任务，这通常意味着最先去完成它们。

7. 设定优先级

为你面前的任务设定优先级。

不要一上来就做最紧急的事情，先要选择最重要的任务。有时最重要的任务也恰巧是最紧急的，这种情况是最好不过的了。每次都完成最重要的任务，你会朝着你的目标取得明显进展。

记住，先完成最难的任务是提高效率最好的方式。如果你过一会儿再去做它，那时你的精力就会下降，就会望而生畏，甚至觉得不可能完成它。但是，如果你先做最难的任务，那时你的状态最佳，会集中所需的能量和注意力来完成它。

8. 富有冒险意识

督促自己，离开舒适区。这是学习的最好方式，也是进步最快的最好方式。

如果你在寻找新的想法，规避风险是不会有用的。当你自己因为害怕而后退时，试着让自己意识到这一点。让自己勇敢一些，并采取下一步行动。

9. 坚持到底

当你冒险时，失败是不可避免的。如果你想成功，就得冒险。

坚信自己会成功，一次失败只不过是你需要处理的一些细节，让你知道哪些管用，哪些不管用。把失败为我所用，把它看成是一件好事，并继续前进！

10. 不断反思

每天花点儿时间安静地坐着反思自己的价值观、目标和目前的进步。

想想哪个地方做得很好，哪些地方可以做得更好。现在所做的事情是不是符合你的核心价值观？随时去寻找方法来加以改善。

11. 坚持学习

不要停止学习。

要知道别人在做什么，别人做了什么，以及他们是怎么做的。搜寻能对你有所帮助的知识或能激励你的事情，不要认为别人没什么值得你学习的！

第十章

激发习惯的力量

引 爆 内 在 无 比 能 量

认识到习惯的力量

> 如果你对周遭的任何事物感到不舒服，那是你的感受所造成的，并非事物本身如此。借着感受的调整，你可在任何时刻都振奋起来。
>
> ——奥雷柳斯

人就是一种习惯性的动物，不管我们是否愿意，习惯总是无孔不入，渗透在我们生活的方方面面。很少有人能够意识到，习惯的影响力竟如此之大！

有一位教授曾做过一个试验：

他将一只跳蚤放进一个容器里，容器的高度刚好为跳蚤能够达到的位置。为了防止跳蚤从容器里跳出，教授特地在上面放了一块玻璃隔着。

第一天，跳蚤表现得十分活跃，它一次又一次地撞击着玻璃，大有不达目的誓不罢休之势。可是，它的力量实在太薄弱了，不管怎么努力，始终无法冲破玻璃的阻隔。尽管如此，跳蚤还是没有放弃，每隔一段时间，它都会发起一阵猛烈的攻击。

过了几天，教授再去观察，发现跳蚤上跳的频率明显减少了，它没了先前的冲劲和锐气，变得有些懒惰和绝望了。又过了几天，教授再去观察，发现跳蚤几乎丧失了斗志，只是在容器底部跳来跳去……

就这样，过了几个月，教授惊奇地发现跳蚤已不再作任何努力，它终日得过且过地待在容器底部。随后，教授将容器上方的玻璃抽掉了，他满以为跳蚤会一下子蹦出来。但出乎意料的是，跳蚤丝毫没有这样的举动，它已经完全习惯了现在的生活。

紧接着，教授又将另一只跳蚤放进一个容器里，容器的高度略微超过跳蚤上跳的极限，上面没有再加盖子。经过一段时间的观察，教授发现，跳蚤每天都会习惯性地往上跳，虽然每次它都无法超越容器的高度，但它仍然乐此不疲。半年后的一天，奇迹发生了，跳蚤逃离了容器，重新获得了自由。见此，教授不禁发出一声感叹："习惯的力量是多么的可怕呀!"

一个人从呱呱坠地到长大成人，身上总会养成这样或那样的习惯，有的习惯是好的，比如，勤奋、守时、认真、勇敢、谦虚等；有的习惯是不好的，比如，懒惰、拖拉、抱怨、傲慢、吸烟等。但不管是什么样的习惯，都具有强大的力量，都足以改变一个人的人生。只是**一个好的习惯能够成就一个人，而一个坏的习惯则会毁掉一个人。**

比尔和杰伊是一对从小长在不同家庭中的双胞胎。杰伊生活在农场，每天早晨他都早早起床，帮忙打点活计。此外，他还帮着家人准备午餐和晚餐，饭前整理桌子，饭后收拾餐具等。

杰伊参加了"少年联盟杯"的棒球比赛，在最艰难的第一年，父亲一直鼓励他坚持下去，并教导他不要做一个知难而退的懦夫。每天放学后，杰伊都会先练习30分钟的钢琴，然后完成家庭作业，再去玩耍。于是，"勤奋是光荣的""努力和坚持不懈终会得到回报"等观念便牢牢根植在了小杰伊的头脑中。

比尔则从小受到了截然不同的教育。他有自己的房间，并常常独自相处。从来没有人要求他帮助做家务或收拾房间，同样也没有人告诉过他勤奋工作的重要意义。尽管长大后，两兄弟身上存在的那些与生俱来的共性让人惊叹，但他们的处世原则和风格却截然不同。

在不知不觉中，习惯经年累月地影响着我们的行为，影响着我们的效率，左右着我们的成败。小到啃指甲、挠头、握笔姿势以及双臂交叉等微不足道的事，大到一些关系到身体健康的事，比如，吃什么，吃多少，何时吃，运动项目是什么……再说得深一点，甚至连我们的性格都是习惯使然。

有些人很聪明，很有天赋，但却总是得不到应有的成功。同样，在我们身边，还会有另一些人，他们的成绩明显超越了他们的个人天分。看上去，他们似乎并不是特别聪明，也没有什么特别的天赋，但是，他们却总是做什么就能成就什么。

这两者之间究竟有什么区别呢？通常，前者总是被人们打上懒散的标签，而后者会被认为很刻苦、很勤奋。懒散实际上也是诸多坏习惯综合作用的结果——拖沓、做事没条理、糟糕的时间观念、缺乏实际行动、不守信用、没有毅力等。同样，良好的处世风格其实也是若干好习惯的综合表现——做事有条理、时间观念强、信守承诺、坚忍不拔、从不拖沓等。因此，只要查看一下个人习惯，你很快就会发现人与人之间的根本区别所在。

调查表明，人们日常活动的90%源自习惯和惯性。想想看，我们大多数的日常活动都只是习惯而已。我们几点钟起床，怎么洗澡、刷牙、穿衣、读报、吃早餐、驾车上班等，一天之内上演着几百种习惯。可是，**习惯并不仅仅是日常惯例那么简单，它的影响十分深远。如果不加控制，习惯将影响我们生活的方方面面。**

一定要记住，习惯的力量是惊人的，习惯能载着你走向成功，也能驮着你滑向失败！

认清自我的不良习惯

我们的骄傲多半是基于我们的无知！

——莱辛

好的习惯让人立于不败之地，坏的习惯则让人从成功的宝座上跌下来。拿破仑·希尔认为，保罗·盖蒂的这句话很有道理！

有一段时期，盖蒂抽烟抽得很凶。一天，他去法国度假的途中，在一个小旅馆投宿。晚上下起了大雨，地面特别泥泞，开了好几个钟头的车之后，盖蒂实在是累极了。

吃过晚饭，他就回到自己的房间里睡着了。可是清晨时分盖蒂突然醒了过来，他很想抽支烟，于是就打开了灯，伸手去摸他一般都会放在床头的烟，可是没有。他下了床，到衣服的口袋里去找，也没有。于是他又在行李袋里找，结果他又一次失望了。他知道，现在他唯一能得到香烟的方法就是穿好衣服，到六条街之外的火车站去买。

抽烟的欲望不断地折磨着他。他下了床，脱下睡衣，穿好衣服，准备出去。正在他伸手拿雨衣的时候，他突然笑了起来，他突然觉得，自己的行为多么荒唐可笑。

盖蒂站在那里，心里不停地想着，一个所谓的知识分子，一个自认为有足够的智慧可以对别人下命令的人，居然要在深更半夜离开旅馆，冒着大雨走好几条街去买香烟。

这个习惯对他来说并没有什么好处，于是他的头脑立刻就清醒了过来，很快他就做出了决定。他走到桌子旁边把那个烟盒团起来扔出去，然后重新换上睡衣，回到舒服的床上睡觉。

经常做一件事就会形成习惯，而习惯的力量是难以抗拒的。可是人类还有一种潜藏的缓冲能力，不容小觑。既然人有可能养成一种习惯，那肯定也有能力改掉这种习惯。

有些人说，奇怪的是，养成好习惯很难，可是一个坏习惯却在不知不觉中就已经形成了。然而，事实并非如此，这还要看一个人的毅力。不管怎么说，习惯终归是习惯，并没有合理的理论说坏习惯要比好习惯更容易养成。

人从出生之日起，各种习惯就开始或早或晚地在各自的大脑中扎根。**一个好的习惯，可磨炼人的品性，助人成就一番事业；可以给人留下美好的印象；可以赢得别人的尊重和认同，使自己周围的人际关系融洽。**因此，从小养成良好的习惯对人的成长至关重要！可是，在现实生活中，人或多或少地都存在一些不良的习惯，亟待克服和纠正！

1. 拖延成性

原计划十点钟来，到的时候已经十点半了；三天的工作总要四天完成，不知是工作能力问题，还是时间观念太淡薄……这样的人生活一般都没目标，得过且过，做一天和尚撞一天钟。

2. 不愿倾听

不论是生活还是工作，都离不开交流，可是有些人只可以让别人听自己的，却很少听别人的。一旦别人阐述了与其相左的想法，他会立马回答“我知道”。这样的人一般都自以为是、停滞不前，最终自己把自己打败。

3. 懒于改变

有些人总是喜欢走老路，喜欢任凭自己的性子来，做什么事情总是老一套。不思改变的人恐怕是没有出路的。

4. 不可取代

有些人总是以为自己的作用大得不得了。在家里，跟自己“亲爱的”动辄就是“这个家没有我会怎么样怎么样”。这种人一般都缺乏危机感，一旦危机来临，就是呼天抢地、措手不及。

5. 斤斤计较

有了事情斤斤计较，不仅计较多少报酬，还计较别人的态度，甚至念念不忘别人曾经在某一时刻得罪过自己。这种人一般都没有宽容的心态、博大的胸怀，或许会得到一时的利益，但必定是捡了芝麻丢了西瓜。

6. 不动脑子

有些人说话办事不动脑筋，喜欢人云亦云，没有自己的主见；有人做事从来不动脑筋，随随便便。这确实会为你省去不少的“麻烦”，但在关键时刻也会让你付出惨痛的代价。

7. 缺少准备

有些人总是习惯于临时抱佛脚：要考英语了，弄两个通宵；会上要发言了，站起来结结巴巴，不知说什么好。机会是留给有准备的人的！平时没有知识、才干、心理素质上的储备，关键时刻怎么可能取得成功？

8. 害怕冲突

在现实生活中小心翼翼当然好，但如果一味地迁就逢迎，做任何事都不敢越雷池半步，这也不敢说，那也不能做，你的事业必定是一潭死水，毫无生机。做任何事都要面对矛盾和冲突，但不要主动挑衅，如果实在躲不掉，就要勇敢面对。

9. 容易沮丧

有些人遇到困难，总是心情沮丧，好像这个世界就是跟他过不去。在单位不得志，怪领导不赏识，学习成绩不优秀，怨老师不好好教，收入没有他人多，嫌工作没前途，凡此种种，一大堆不良情绪积累下来，就会心生沮丧。要知道，世界不会为你而改变，只有主动去适应它，才有可能实现你的人生目标。

10. 缺少恒心

有些人却缺少这种持之以恒的意志品质。古人说“不积跬步，无以至千里；不积小流，无以成江海”，就是告诫后人持之以恒的道理。

制订改变习惯的计划

> 心若改变，你的态度跟着改变；态度改变，你的习惯跟着改变；习惯改变，你的性格跟着改变；性格改变，你的人生跟着改变。
>
> ——马斯洛

在确定了自己希望改掉的习惯，并了解了如何改掉它之后，“告别坏习惯”的工作就被提上了你的日程。无数的研究结果一致表明，那些坚持为自己设定目标的人，比那些从不设定目标的人更容易获得成功。

在我们大声说出自己的打算后，计划也将随着空气的流动而飘逝，并未留下永久的记录或证据表明我们自己说过什么。更进一步的研究发现，**把自己的打算记录下来，将有助于我们坚持实现自己的目标。**

无数的研究结果表明，一旦我们将自己的目标和抱负变成书面的东西，将它们变成现实的机会便会大大增加。这是因为，在记录的过程中，我们头脑中的抽象思维需要转变成为具体的书面语言——这一过程让我们的计划和具体实施方法变得更加详尽、更加现实。

就像告诉别人一样，把计划记录下来同样会让计划更加现实，也会让自己强烈地感受到实践的责任感。除此之外，书面记录自己的计划还将因为它具有很强的确定性，而显示出更大的威力。这样，当我们以文字的形式书面记录下自己的计划之后，它便成为了一份长期存在的证据。它的存在无时无刻不在提醒我们，向着目标努力是自己无法推卸的责任。

1. 不要一次尝试改变两个或两个以上的习惯

很多人总会这样认为：我想要早起，然后去跑步，吃更健康的食物，让自己更有组织性，每天坚持写作……想同时将它们全部实现！可是，不管你对这些目标有多强烈的热情，就算一次只选择了其中的两个习惯，也预示着失败。

设定多个目标固然也有达到成功的可能，可是对于那些改变习惯非常困难的人来说，则不太适用。如果你一次只集中精力于一个习惯上，如此坚持一个月，那么成功的概率将是同时培养多个习惯的3~4倍。

要把你的全部精力都放在这个习惯上，一旦上了自动驾驶挡，再考虑下一个习惯。一次只需解决一个。

2. 制订具体的计划，并写下来

你一早起来，跳下床大喊：“我今天要做出一个改变！”这样做起来，虽然比较容易，可是，不管是大声还是小声，光说要改变，是不够的，还应该把目标写下来，写下开始的日期、结束的日期；写下打算做的事情，写下你将如何兑现自己，如何奖励自己，困难有哪些，你的动机是什么。最主要的是：把这些写在纸上，遵照计划去做！

3. 获得他人支持

需要鼓励的时候，你会去找谁呢？对这个问题，你若没有合适的答案，那就需要好好想想了。如果你有配偶，那么这个人便是很好的选择，但最好是有不止一个人来支持你。也许是你的母亲、你的姐妹、你的好友，或者你的老板。

同样，你可以加入一个能给你支持的组织，或者一个网上论坛，在那里找到一群跟你有同样需要的朋友，告诉他们你的决心，让他们在你遇到困难、犹豫不决的时候给予你帮助。你要对此立下承诺，把这些都要写在你的书面计划里。

4. 正确认识困难

改变任何一个习惯，都意味着一条充满阻碍的道路。不幸的是，我们经常在遇到了其中的一些以后，便轻易地放弃了。或者，我们会重新尝试，但总是再三的遇到同样的阻碍，结果则与过去无异。

若想跳出这一怪圈，就需要认真的思考，预先估计出将要遇到的阻碍。如果你在之前失败了，这次则要想清楚是什么阻碍了你。

如果你过去从未考虑过改变目前这一习惯将遇到什么困难，那就去做一些调查，读读别人在这上面成功或失败的例子，找出你可能遇到的阻碍。然后，为自己制订计划，写下自己将如何应对这些阻碍。

5. 对进展记录

尽管你可以在改变习惯的过程中不写日志，对其进展进行记录，但有这样一份日志却可以增加你成功的概率。如果不尽可能多地使用你能想到的手段，很多事情做起来，就会凭空增加更多的困难。

日志记录能够有效地助你成功，是由于它提醒你要有恒心。它让你时刻清楚，自己正实实在在地做着什么。它可以给你动力，因为你也希望在上面留下好的记录。它也能使你在你立下承诺的人们面前，显得更有责任感。

6. 有恒心

如果你把一个习惯跟某个诱因关联起来，你就需要在每次诱因发生之时，严格地去实行该习惯。如果有时这么做，有时却没有，你将无法顺利的培养习惯。尽你所能，不要错过任何一次，因为若你错过了一次，你就会被其诱惑而第二次、第三次错过。这样培养习惯的希望就变成了竹篮子打水一场空。

在环境中改变

一个人如果每年根除一种恶习，那么他用不了多久就会成为十全十美的人。

——托马斯·厄·肯培

在很多时候，某些行为一旦形成习惯，心就会不知不觉地进入惯性轨道，被其所控，不是我们想改变就能轻易改变的。因为习惯是由日积月累而来，有着根深蒂固的力量。许多人认为，习惯一经形成就无法改变了。其实不然，习惯并非不可改变。心理学研究表明，习惯的形成和完善，主要取决于自身所处的生活环境。

习惯可以通过新的、自觉的自我调适以及积极的实践来加以改变。改变不良习惯，养成好习惯，并不是一蹴而就的事情，它需要我们用毅力、恒心和不断的自我提醒才能达成。幸运的是，我们每个人都具备这些能力，只要你肯用心。

你的心改变了，你的行为才会改变；你的行为改变了，你的习惯才会改变；你的习惯改变了，你的人生才会改变。有什么样的习惯，就有什么样的行为；有什么样的行为，就有什么样的人生。习惯每时每刻都在左右着我们的行为，影响着我们的人生。

习惯是人的思维定式，是一种潜移默化的力量，它既可以为你带来光明，也可以把你引向黑暗。多一个好习惯，就会多一次成功的机会；多一个好习惯，就会多一份成功的信心。因此，一个人也许没有很好的天赋，可是一旦有了好的习惯，就一定会给自己带来好的命运，成就一生的幸福。

有人说，习惯一旦形成，将很难改变。但我要说的是，一切都会改变，当然习惯也不会例外。生活在这个世界上，肯定会面对各种各样的环境，如工作环境、学习环境、家庭环境，在这些不同的环境中，同一个人就要采取不同的应对方式。而且，这种应对方式还会随着环境的改变不断发生变化。

动物要想在自然界中成功存活下来，都懂得优胜劣汰。我们作为动物世界中的高等生物，当然也更加明白这样的道理。我们可能没有办法去改变环境，但绝对能够做到去适应环境，随着环境的改变去改变我们自己。

说到习惯，同样也是这个道理！我们原来养成的习惯，随着时间、环境的变化，也在悄然发生着变化。不管你愿意与否，它们已经实实在在地在那里了。而我们有的习惯可能会坚守，但有的习惯却已经随着环境的变化成为了新的习惯。

比如读书，我自己原来可以说也非常喜欢读书，而且涉猎的范围比较广，如武侠、言情、历史、哲学、电脑方面的等。每当拿到一本新书，抚摸着书的封面，总有一种非常珍惜的感觉。细细品味里面的内容，也会对自己的生活态度产生影响。可是现在，这一切已经发生了变化。同样是原来感兴趣的新书，再也没有原来那么的心动。面对清新的油墨香味，也只是拿到手中看看、闻闻，仅此而已。

是什么改变了这一切？环境。当人们已经习惯了快餐式地汲取文化知识营养时，已经很难再做到如此淡然地从传统书本中获取知识。有什么问题去百度一下，一切都 OK 了。说什么学富五车，说什么才高八斗，过于注重网络，过于注重结果，早已将原来的程序打乱。

同样是看电子书，很多人更愿意放到手机中来阅读。许多人面对手持设备的来袭，先是采取了抵制。可是，潮流是不可逆转的，移动设备的普及正在改变着我们的生活、我们的习惯，我们已经无法躲避，只能顺其自然，并尽可能去接受新的事物。唯有如此，才不会被历史所淘汰。

习惯因人而定，更因环境而改变。我们无力改变环境，只能让环境来改变我们。顺应潮流，与时俱进，是我们无法逃避的规则。

第十一章

迈向情绪的巅峰

引 爆 内 在 无 比 能 量

好心情、正面情绪就是创造力

一个人如果能够控制自己的激情、欲望和恐惧，那他就胜过国王。

——约翰·米尔顿

在《星云禅话》中有一则故事，讲得很生动、很具启发性：

有一位旅者，经过险峻的悬崖，一不小心掉落山谷，情急之下攀住崖壁下的树枝，上下不得，祈求佛陀慈悲营救，这时佛陀真的出现了，他伸出手接他，并说："好！现在你把攀住树枝的手放下。"

可是旅者执迷不松手，他说："把手一放，势必掉到万丈深渊，粉身碎骨。"

旅者这时反而更抓紧了树枝，不肯放下。这样一位执迷不悟的人，佛陀也救不了他。

研究发现，**良好的情绪状态有利于创造力的发挥**。加拿大多伦多大学心理学助教亚当·安德森对24名大学生进行了测试，让他们分别在正面、负面和中性三种情绪下完成任务。研究者通过音乐设定情绪：用巴赫《勃兰登堡协奏曲》的爵士乐版激发愉悦情绪；播放普罗科菲耶夫《亚历山大·涅夫斯基》营造负面情绪；而中性情绪的激发则依靠研究者叙述关于加拿大的一些社会事实来完成。结果显示，情绪愉悦的学生解决问题时想象力更丰富、创造力更强。对此，安德森称，这是因为好心情能够加强联想思维，以破除思维定式。

坏心情就是紧抓住某个念头，死死握紧，不肯松手去寻找新的机会，发现新的思考空间，所以陷入愁云惨雾中。其实，人只要肯换个想法，调整一下心态，或者改动一下作息，就能让自己有新的心境。只要我们肯稍作改变，就能抛开坏心情，迎接新的处境。

有利于发挥创造力的情绪有：

1. 爱与温情

只要你有足够的爱心，就可以成为全世界最有影响力的人。任何负面的情绪在与爱接触后，就如冰雪遇上了阳光，很容易就消融了。如果现在有个人跟你发脾气，你只要始终对他施予爱心及温情，最后他便会改变先前的情绪。

2. 感恩

一切情绪之中最有威力的便是爱心，但它以不同的面貌呈现出来。感恩也是一种爱，如果我们常心存感恩，人生就会过得无比快乐。要经营好自己的人生，让它充满芬芳。

3. 好奇心

如果你真心希望你能不断成长，就得有像孩童般的好奇心。孩童最懂得欣赏“神奇”了，因为那些神奇能占据孩童的心灵。如果你不希望人生过得那么乏味，那就在生活中多带些好奇心。

4. 振奋与热情

如果做任何事情都带着振奋与热情，所做的事就会变得多彩多姿，因为振奋与热情能把困难化为机会。热情具有伟大的力量，鼓动我们以更快的节奏迈向人生的目标。

5. 毅力

具备毅力的人，其行动必然前后一致，不达目标绝不罢休。若是想在这个世界留下值得让人怀念的事迹，那就非得有毅力不可。毅力能够决定我们在面对困难、失败、诱惑时的态度。如果你想减轻体重、如果你想重振事业、如果你想把任何事做到底，单单靠着“一时的热情”是不成的，一定得具备毅力。

6. 弹性

要保证任何一件事能够成功，保持弹性的做事方法绝不可少。在每个人的人生中，都必然会遇到诸多无法控制的事情，可是只要你的想法与行动能保持弹性，那么人生就能永葆成功，生活过得快乐。

7. 信心

对自己有信心，就要敢于尝试、敢于冒险。如果你能不断从各方面培养自己的信心，迟早有一天你会发现，不知何时信心已在那里。

8. 快乐

要常保持一颗快乐的心。要让自己的脸上表现出快乐的样子，只要你能脸上常带笑容，就不会有太多的行动信号引起你的痛苦。

9. 活力

一切情绪都来自于你的身体，如果你觉得有些情绪溢出常轨，越是运动就越能产生精力，因为这样才能使大量的氧气进入身体，使所有的器官都活动起来。唯有身体健康才能产生活力，只有有活力才能让我们应付生活中各种各样的问题。

没有巅峰的情绪就没有巅峰的状态

> 任何时候，一个人都不应该做自己情绪的奴隶，不应该使一切行动都受制于自己的情绪，而应该反过来控制情绪。不管境况多么糟糕，你应该努力去支配你的环境，把自己从黑暗中拯救出来。
>
> ——罗伯·怀特

真正好的情绪就像金子一样珍贵，它可以给我们带来乐观的思想、欢笑、创造力和所有的生活乐趣。**好的情绪可以让我们欣然地去接受我们生命中每一天让我们觉得悲愤的事情。**

人生不如意事十有八九，在小时候不会这样感觉，也不愿相信事情竟会是这样的，可是上了年纪之后，就会认可这一说法，觉得此言不虚。可能是由于身体状况大不如前，也可能是由于阅历增多。

在人生中，只要保持最佳的情绪，才能达到巅峰的状态！

1. 想一些大的事情

想得越小，心情越坏；想得越大，心情越好。比如，想北京就比想朝阳区好，想中国又比想北京好，想世界又比想中国好，想宇宙又比想世界好……在自己心情郁闷的时候，就想一想世界宇宙，想想自己的渺小和生命的偶然，心情就会豁然开朗。

2. 想得远一点

想得越近，心情越坏；想得越远，心情越好。比如，想一个星期就比想今天好；想一个月又比想一个星期好；想一年又比想一个月好；想一辈子又比想一年好……在不快乐的时候，就往几年以前或者几年以后想一想，想想自己只有这短短的几十年好活，与其活得这么郁闷，不如放松心情，高高兴兴地度过。

3. 想想自己的目的

在不快乐的时候，就想想自己所做的一切事情都是为什么要做的，想想自己活着是为了快乐而不是为了吃苦受罪。只做那些给自己带来快乐的事情，放下那些给自己带来痛苦和折磨的事情，心情自然会好一些。

4. 多想想喜欢的人

在不快乐的时候，想想那些爱自己的人，喜欢自己的人；想想那些自己爱的人，自己喜欢的人。想想他们是多么可亲可爱，他们对自己又是多么好，这样郁闷的心情就能开朗起来，愉快起来。

5. 多想想自己的优点

想自己的缺点心情会坏，想自己的优点心情会好。比如，如果自己长得漂亮就想，上帝真是眷顾我，把我生得这么美；如果自己聪明就想，别人用一个小时才想明白的事我怎么几分钟就懂了，我真高兴……这样，即使自己不漂亮、不聪明，心情也会好些。

虽然人生不如意事十有八九，可是只要能够常常这样来调适自己，就一定能够常常保持好心情。即使有人说这不过是阿 Q 的精神胜利法，毕竟还是要强过闷闷不乐地度过一生。

放开自我，让负面的情绪宣泄出来

你的房子首先要足够坚固，然后才可以装修。

——陈天桥

情绪的丰富性是人的生动活泼性的重要内容，生活中如果没有了丰富而生动的情绪，将会变得呆板而没有生气。在现实生活中，我们经常会遇到各种不顺心的事，导致各种不良情绪的产生。如果强行压抑自己的情绪，使它得不到合理的宣泄，就会对身体产生很大的危害。所以，在有不良情绪的时候要合理地宣泄。

有个人在公司里的人缘很好，且性情很好、待人和善，几乎没人看他生过气。

有一次，同事经过他家，顺道去看看他，却发现他正在顶楼上对着天上飞过来的飞机吼叫，同事好奇地问他原因。

他说："我住的地方靠近机场，每当飞机起落时都会听到巨大的噪声。后来，当我心情不好或是受了委屈、遇到挫折、想要发脾气时，我就会跑上顶楼，等待飞机飞过，然后对着飞机放声大吼。等飞机飞走了，我的不快、怨气也被飞机一并带走了！"

回家的路上，同事不禁想着，怪不得他脾气这么好，原来他知道如何适时宣泄自己的情绪。

一味地压抑心中不快，并不能解决问题。在生活步调紧凑繁忙的现今社会中，人人都应学习如何疏解自己的精神压力，如此才能活出健康豁达的人生！但有些压力是必需的，就像船，必须要有些东西去压船，才能航行。

宣泄疏导法是一种效果十分显著的解除不良情绪的方法，它具有简捷、易操作、收效迅速的特点。**对情绪变化剧烈，心理反应敏感的青年朋友来说，宣泄疏导法是一种容易接受，短、平、快的方法。**

20世纪60年代风靡一时的乡村歌手兼作曲家丹·艾基拉，在他刚出道不久，就是在他二十多岁时，他受到了双重打击——一是与相处多年的情人分手，二是评论家们对他的音乐极不欣赏。可是，他却在一次偶然的机会发现了自己该干什么。

有一次，丹·艾基拉从一所酒吧出来，碰上了镇上一个疯子。疯子名叫安德鲁，和丹·艾基拉是邻居，两人虽然见面会打招呼，但从来没有认真谈过话。

安德鲁有着一头蓬松的头发，长着奇怪的胡子，整天疯疯癫癫，就像一只聪明的笨兔子一样。安德鲁看了丹·艾基拉一眼，说："我们得谈谈。你很不对劲！"丹·艾基拉向安德鲁讲述了发生的一切。安德鲁听后，说："你任何时候都可以来找我，要是我两天没见到你，那我就去找你。"

从第二天开始，丹·艾基拉连续两个多星期，几乎每天都要去安德鲁家坐一坐，最后，安德鲁对丹·艾基拉说："现在我要给你安排个活干，你必须干。把你的房子粉刷一下，你要改变你的环境，送给自己一件礼物，房子刷成什么颜色都行。"他疯疯癫癫地朝丹·艾基拉笑笑，说："不过，我建议刷成黑色。"

丹·艾基拉刷了房子，不过他并没有用黑色。他脱下平时穿的西装，穿上劳动服，挽起袖子，开始劳动了。早晨还是一堵丑陋的墙，中午已变得平整了。

过了好几天之后，丹·艾基拉才意识到疯子安德鲁有多聪明，正是他给予了自己所急需的——一次消磨时间的活动；而时间的确是伤口与痊愈之间唯一的缓冲器。

生活中，人人都会有坏情绪。所谓坏情绪，即负性情绪，是指人们在不利的外界环境以及不利的自身条件下，产生的苦闷寂寞、忧郁悲伤、失意痛苦、愤怒嫉妒、紧张不安、恐惧憎恨等不良情绪。

负性情绪，是人类对环境的一种正常的心理反应。有点负性情绪不见得是坏事，也许它正在提醒你，你应该对自己的行为、心态甚至人生观做一些调适和改变，你需要给自己一点时间休息和放松。

可是，如果负性情绪长期存在，不能及时地得到宣泄和处理，则会使人失眠焦虑、心力交瘁、精神不振、注意力不集中、工作学习效率低下，乃至让人悲观消沉、精神抑郁，还可能给身体和心理带来较大的伤害。这时候，你需要合理地、适当地去宣泄。

负性情绪宣泄的最根本的方式，就是调整自己人生的阶段性目标，或者总的人生目标，调整人生观、价值观、爱情观，改变生活方式和工作环境，改变自己的人生态度等，这是从认知水平上掐断产生负性情绪的源头，是宣泄负性情绪的最根本的方法。

对不良情绪的宣泄有很多方法，如语言倾诉，找人交谈，写作、看电影、画画、旅游等。但还有一些方法，如愤怒时砸东西、攻击别人，烦闷时酗酒解“愁”等，这些方法虽然能够将不良情绪发泄出去，但却是暂时的，反而会为以后带来新的更大的烦恼，甚至步入更严重的逆境。

在运用宣泄疏导法时，要根据实际情况，通过正常的途径和渠道，采用适当的宣泄形式，控制宣泄的程度，才能取得良好的宣泄效果。

建立正面联想，激活正面情绪活力

世界如一面镜子：皱眉视之，它也皱眉看你；笑着对它，它也笑着看你。

——塞缪尔

人的负面情绪占绝对多数，因此经常会不知不觉就进入不良情绪状态。当人们面对负面情绪时，如果不能及时缓解，这类情绪就会困扰着你，让你无法完全表现出自我，而且所有这些负面情绪都和癌症以及其他危险疾病相关。如果不能抛开这些负面情绪，那么毫无疑问，你感受到兴趣和愉快等正面情绪的机会也就相应地减少了。

为了健康，就要塑造阳光心态，把兴趣和愉快这两类好情绪调动起来，使自己经常处于积极的情绪当中，从这种正面情绪中受益。因为**心境具有两极性，好的心情使你产生向上的力量，使你喜悦、生气勃勃、沉着、冷静，缔造和谐**。比如说，当你不高兴的时候，就要想办法让自己高兴起来，就像从衣服口袋里把它掏出来一样。想让哪类情绪出来，就能自如地把它调动起来。

虽然要求自己完全做到自如地控制情绪是一件很难的事，但我们都应该努力去尝试。下面就介绍一些简单的调动自己正面情绪的方法：

1. 改变态度

改变不了某件事，就改变对某件事的态度。一个人因为发生了的事情所受到的伤害，不如他对这个事情的悲观看法更严重。事情本身不重要，重要的是人对这件事情的态度。态度变了，事情就变了。内心苦，命运也将愁苦，心态决定命运。

古时候，有甲、乙两个秀才去赶考，路上遇到了一口棺材。甲说："真倒霉，碰上了棺材，这次考试死定了。"乙说："棺材棺材，升官发财啊，看来我的运气来了，这次一定能考上。"结果，乙真的考上了，而甲也真的名落孙山。

其实，甲、乙二人并无多大差别，最后得到这样的结果，全因他们对事情所持的情绪不同。

2. 享受过程

生命是一个过程，不是一个结果。生命是一个括号，左边括号是出生，右边括号是死亡，我们要做的事情就是填括号，要用亮丽多彩的事情和好心情把括号填满，括号填满了生命也就结束了。

有一个年轻人自认看破红尘，每天什么也不干，只是懒洋洋地坐在树底下晒太阳。

有一个智者问："年轻人，这么大好的时光，你怎么不去赚钱?"年轻人说："没意思，赚了钱还得花光。"

智者问："你怎么不结婚?"年轻人说："没劲，弄不好还得离婚。"

智者说："你怎么不交朋友?"年轻人说："没意思，交了朋友弄不好会反目成仇。"

智者给了年轻人一根绳子说："干脆你上吊吧，反正也得死，还不如现在死了算了。"年轻人说："我不想死。"智者说："生命是一个过程，不是一个结果。"年轻人听后翻然醒悟。

3. 把握自己

不要把自己的幸福、希望寄托在别人身上，我们能把握的只有自己。如果只是期待别人为自己带来幸福，你必然将会产生恐惧，患得患失。

4. 学会感恩

不要总是患得患失，而要为得到感激，感恩可以让你获得好心情。一位企业老总曾说，他在招聘员工时首先要看对方孝不孝敬父母，如果连自己的父母都不孝敬，表明他是个根本不懂得感恩的人，这样的人，必然也不会对企业忠诚。

5. 学会弯曲

压力太大的时候，要学会弯曲。刚者易折，老子曾说过："天下莫柔弱于水，而攻坚强者莫之能胜，以其无以易之。弱之胜强，柔之胜刚，天下莫不知，莫能行。"这句话是说，普天之下，再没有什么东西比水更柔弱的了，而攻坚克强却没有什么东西可以胜过水。弱胜过强，柔胜过刚，普天之下没有人不知道，可是没有人能实行。

生活也是如此，极端的处事方法只会闹得两败俱伤。与其双方都得不到好处，不如各自退让一步。不要认为退让是一种软弱的表现，要知道对抗不是解决一切问题的唯一选择。退让也是一种智慧，许多时候退让会为自己赢得更大的空间。

正确认识负面情绪的积极意义

怒不过夺，喜不过予。

——荀子

传统上，我们否定某些情绪，称它们为负面情绪，因为它们使我们做事的能力降低，使别人看不起自己，觉得自己不成熟，甚至引起别人的厌烦。其实，情绪本身并没有正负面之分，因为负面情绪也能使我们有所收获——只要我们明白它们的正面意义。

每个人都抗拒和不接受的负面情绪，却能带给你礼物，所有的心理痛苦都是有意义的，所有的体验对生命都是重要的，心理痛苦是自我在成长中的必经阶段。**情绪的困扰是人类生存的一种自然状态，就像白天和黑夜的更替一样，快乐和悲伤、开朗和消沉都是交替的。**可以把情绪困扰想象为不期而至的“客人”，它让你感觉不舒服，但它不是你的家人，终究会走。每当它们来时，你需要做的就是静静地与其相伴，不评价、不批判。

动机和情绪总不会错，只是行为没有效果而已。所有负面的情绪都有其正面的价值。只要你明白了，就能善用它。如果你认同痛苦，那么痛苦反倒会成为你的资源；如果试图快速消除它，那你就扩大了痛苦。当你升起负面的情绪和感受，不要驱逐它，而是拥抱它。请深深感恩一切的感受和情绪，不管它是正面还是负面的。

1. 生气

生气是一种高能量的情绪，可以帮助我们作出反应并采取行动，使我们克服那些本不可逾越的障碍和困难。它经常与不喜欢的情况相连在一起，为我们提供能量，使我们采取行动对这些障碍和困难作出反应。生气就是鼓起勇气，一鼓作气才能成功。

2. 悲伤

是一种能促进深沉思考的反应，能让我们更好地从失去中取得智慧，从而更珍惜目前所拥有的。

3. 后悔

可以提醒我们，要找出一个有更好效果的做法，同时让我们更明确内心价值观的排序。

4. 左右为难

说明内心价值观的排序尚未清晰明确，可以让我们更加有序地来排列内心的价值观。

5. 恐惧

恐惧可以提高神经系统的灵敏度，并使意识性增强，这对我们提高对潜在问题的警觉性很有帮助。它能使我们获得本不能得到的信息，使我们迅速作出反应，并在必要条件下选择逃避。

6. 无可奈何

已知的办法全不适用，需要创新与突破思考，有利于创造力的激发。

7. 内疚

这是一种与评估是非对错连在一起的情绪。如果我们没有其他的方式评估与价值有关的行为的话，内疚可限制我们的行为选择范围。现在我们明白了这个道理，我们就能用更富有建设性的评估方法来取代内疚。

8. 紧张

让我们有额外的能量去保证成功。

9. 害怕

不甘愿付出本来自己认为需要自己付出，或者觉得付出的大过得到的。它促使我们对所期望的东西重新进行评价及对实现期望采取的方法进行重新调整。

10. 惭愧

一件表面上已经完结的事，但还需要采取一个行动的部分。

11. 失望

发生在所期望的目标已确定但没有实现的时候，是一种能促使对期望作出重新评估及对实现期望目标所采取的方法作出重新调整的信号。

12. 讨厌

需要摆脱或者改变的提醒信号，帮助我们找出改变及摆脱的办法。

13. 愤怒

可以充分调动身体的能量，准备对一个不愿接受的状况作出改变的行动。

14. 压力

是转变动力之前的准备，就像弹簧一样，压得越低，弹得越高。

15. 忧虑

它把注意力集中在一个就要发生，但后果令我们担心的事情上。让我们精力集中的状态并将其变成兴奋，为我们提供为事件做好准备的能量。

16. 痛苦

可以使我们避开危险，并提升人生经验的信号。

第十二章

财富密码

引　爆　内　在　无　比　能　量

你为什么是穷人

时间是人的财富，全部财富，正如时间是国家的财富一样，因为任何财富都是时间与行动化合之后的成果。

——巴尔扎克

每个人都有一个生活环境，环境和命运互为因果。

有些人生活在穷人中间，时间长了，心态变成了穷人的心态，思维变成了穷人的思维，做出来的事也就是穷人的模式。穷人身边都是穷人，每天谈论着打折商品，交流着节约技巧，虽然有利于训练生存能力，但你的眼界也就渐渐囿于这样的琐事，而将雄心壮志消磨掉了。

穷人羡慕富人，又对富人有种天然的抵触心理，他们在谈论富人时就难免用一种讥讽的语气，并且在内心藏起一把手术刀，随时准备着解剖富人的丑陋，以便让自己的优秀凸显出来。生活在穷人中间，很难对富人有一种理性的认识，更难用一种平和的心态去学习富人的绝招。富人，不管他有多蠢，他能够成为富人，就是不简单的。

穷人也有自己的智慧，但那更多是在生存的层面上。**一个生活在穷人堆中的穷人，要想跃上富人的台阶，很多时候必须和自己这个阶层说拜拜。这绝不是背叛，而是一种自我改造。**

人们无法获得财富，主要原因有7个。我们需要检阅自己本身的财物状况，找到自己的“财富致命伤”，并有效地“治愈”。

1. 认为赚钱和有钱为负面的事物

有些人觉得，赚钱和有钱是一种负面的情结，因此讨厌钱财，不会对钱财心生渴望，因此只能生活在穷苦人中间。要想让自己变得富有，就要在生活中检视自己的思想、信念，改变自己的限制性信念。

2. 从不觉得拥有大笔钱财是项必要使命

生活没有激情，对赚钱没有使命感，就没有动力。给自己立一个让自己兴奋的目标吧。现在就写下一个特定的数字，并确认这笔金额，这个数字要能让自己高兴起来，实现自己向往的生活。

3. 从未积极策划有效的理财方式

切勿放弃设定目标，或是在尚未尝试实行之前草率下结论。现在就开始确实进行理财计划，阅读理财计划书籍。可能有人会说，我没有钱，还怎么理财，让我们分享一个故事：

> 一家的主人要出远门，临走之前把仆人都召集起来，将自己的财产托付给他们。他给了第一个仆人 5 个泰伦特，又给了第二个仆人 2 个泰伦特，最后给了第三个仆人 1 个泰伦特。然后，他就离开了。
>
> 很快地，第一个仆人开始工作并且把主人给的钱翻了一倍。第二个人也如法炮制。当主人返回家乡的时候，他赞扬了这两个人，说：“干得好。你们是正直忠诚的仆人。你们比一般人更忠实可靠，以后我会交给你们更多的任务。”
>
> 可是，第三个仆人却把 1 个泰伦特埋了起来。他解释说：“我有些忐忑不安，所以就把你给的钱藏到了地下。”主人却说：“你这个懒惰、无所事事的仆人！你应该把我的钱交给放贷的人。”随后，主人把银币夺了过来，奖给了第一个仆人。

世界本就是不公平的，有的人掌握的资源多，有的人却掌握得少，可是不管我们有多少资源，一定要充分发挥自己的聪明才智，充分利用手上的资源。不要像第三个仆人一样，守财的结果是最终会失去它。问自己：

我有什么样的理财计划，今天必须着手推行的项目是什么？

4. 无法持续履行个人的理财计划

赚钱不是一时兴起，而是一个长期的过程，要为我们的目标持续努力，坚持自己的理财计划。

5. 过于仰赖其他的“理财专家”

除了理财专家，我们还可以依靠自己。从以往大部分的情况来看，“理财专家”并不能让我们持续赚钱。

列出我们目前仍不了解的财务名词或理财观点，并且找出可供参考的成功典范，欠缺财务知识并非异常现象；不积极采取行动，才是莫大的缺失。

6. 对本身财物状况已感自满

有些人不思进取，认为现在自己的情况已经很好，不用再要求更多。世界会一直发展变化，如果不能与时俱进，财富也会流失。

想一想，过去的借口是什么？写下为什么自己必须努力向前迈进，不再局限于自满状态的原因。仔细想想鞭策自己前进的原因，现在就将它们列出来。

7. 任由经济危机导致财物损失

跌倒了请重新站起来，过去不等于未来！不管我们是否聪明，总会做出错误的判断，可是都不能灰心，错误的判断会增加我们的经验，它是通往成功的坚实的基础。

成功来自于正确的判断，正确的判断来自于经验，经验来自于错误的判断。坚定无惧的信念最能让我们免于财务之患。写出一项或多项过去自己起初认为困难或办不到，但终究仍坚持渡过难关的经验。

上面的这些就是无数获得财富的7个最主要的原因。想要实现财务目标，还要不断地学习。让我们生活的激情，努力创造自己的财富。

在心中对财富有一个确切的定义

财富就像海水，饮得越多，渴得越厉害；名望实际上也是如此。

——叔本华

你知道什么是财富吗？你又有多少属于你的财富呢？你想拥有更多的财富吗？

故事一：

一个破败的小村庄中，村民的房子全是东倒西歪的，人们都还在地里干活，火辣辣的太阳高挂天空，散发出的热量使人无不唉声叹气："唉，苦啊！"地里的人们挥着锄头，埋怨着老天，同时也在埋怨自己的命运："唉，这是什么世道啊！穷人受富人的气，苦啊！"看来，他们所期待的是金钱、是财富。

故事二：

一个破烂的小房子里，一人暮年男子正躺在床上，唉声叹气地埋怨自己的人生："要不是我年轻时整天吃喝玩乐，把家里的钱全都输光了，我也就不会落到这种凄凉的地步，过这种非人的生活了。"在他的眼里，时间才是真正的财富——他渴望回到从前。

故事三：

一个小房子，房子的外形结构并不惹人注意，但里面充满欢乐的气氛。两个老人坐在正南方向，脸上浮现的微笑犹如小孩子般天真，两个小酒窝显得那么的深沉。这二老正在摆寿席，他们的子女从全国各地赶回来，为他俩庆祝寿诞。在这个家庭里，亲情才是真正的财富，真正的无价之宝。

看了上面的故事，你是否比先前拥有了更多的财富呢?

关于财富，现代汉语的解释是，具有价值的东西，包括自然财富、物质财富、精神财富、创造出来的财富等。所谓具有价值的东西，如果你跟原始的人说，跟4500年前的人说，具有价值的东西，真是太少了。可是，对今天的人来讲，什么东西没有价值呢?

在这个世界上，没有什么东西不具有价值，也即没有什么东西不是财富，只有划分这个财富的权利，是真空的还是实在的。

人的一生如潮起潮落，起伏难定，在潮头风光时要看到落到潮底的危险性，在潮底的时候则要有向高峰冲击的信心和行动。当年林肯一生坎坷，屡受挫折，谁能相信这位鞋匠的儿子能成为历史上最伟大的总统之一呢？这样的例子多得数不胜数，世界上什么样的奇迹都可能发生，其前提只有一点：我还活着，我要努力行动，我有信心，这是人一生中最最宝贵的财富。

今天我们所拥有的一切，请万分珍视它们！你没什么大出息，可妻子照样爱你，孩子一样崇拜你；房子不大，家却温暖——这份亲情是财富，终生值得珍惜；虽然你没有发财又很想发财，但没去偷去抢去骗去胡作非为，勤俭持家，虽然不富裕，可还是乐于助人……我们也许没觉察到它们的重要，但它们终究会给你一份回报。

知足者常乐，不知足者常进步，关键是如何在其间找到一种平衡。你的抱怨表示你对现状有所不满意，你在试图努力改变它们，在追求你想要的东西。这种欲望、上进心也是财富。

俗话说，感觉好才是真的好。有人说，当我哪一天成功了，那我就会有美好的感觉。最后让我们来看一下来自荷兰的谚语吧：

有了钱，你可以买楼，但不可以买到一个家。

有了钱，你可以买钟表，但不可以买到时间。

有了钱，你可以买一张床，但不可以买到充足的睡眠。

有了钱，你可以买书，但不可以买到知识。

有了钱，你可以买到医疗服务，但不可以买到健康。

有了钱，你可以买到地位，但不可以买到尊重。

有了钱，你可以买到血液，但不可以买到生命。

你知道你有多少财富了吧？

一定要加强自我的理财意识

> 有财富而不用，从没有达到目的这个角度上一看，就等于没有财富。
>
> ——《五卷书》

如果身处豪门，是一个亿万富翁，你可以不用知道个人如何理财，因为有的是人帮你理，想不理都难；如果一辈子一穷二白，口袋从来没超过半年的口粮，你也不用理，因为你没有本钱。

投资理财观念也是有一些嫌贫爱富的；如果你这辈子能一直有个可以信任的人或单位组织让你靠，就算不用学现货黄金交易，也会让你不愁吃不愁穿，你也可以不用理财，因为理财尽管说不上累，但还是要费点心神的，首先就要具备一定的理财意识。

1. 你不理钱，钱不理你

很多人总希望自己能不断地涨工资，有更多的收入，以为凭着这个就能过上幸福生活。实际上，很多时候尽管收入多了，但同时却花了更多的钱去买更大的房子，买更好的车，日子反而比以前更紧巴了。长此以往，就形成了一个怪圈。因此，如果你希望跳出怪圈，就应养成良好的理财习惯，认真地克服一些不必要的欲望。

2. 存款绝对不是你的唯一

许多人为了安全方便选择了存款，拿着那一点点利息，简直就是活活把自己的一座金山变成了一座死山。如果去投资，一开始是可能挣得不多，甚至还会亏，但水滴石穿，积沙成塔，时间长了，就会有收获。况且，在这个过程中你还可以不断地提高自己的投资能力。如果哪一天突然有钱了，再来学投资可就晚了。

3. 投资不一定有风险

许多投资品种投资起来一样很简单方便，比如，基金的方便程度就和活期存款差不多。股票甚至更高风险的期货等也不是那么可怕，许多家庭完全有能力承担这种风险。此外，如果你嫌麻烦，还可以委托专业网站上的各种理财专家帮忙！

4. 复利，造就亿万富翁

假设一个25岁的上班族，投资1万元，每年挣10%，到75岁时，就能成为百万富翁了。其实，投资理财没有什么复杂的技巧，只需具备三个基本条件：固定的投资、追求高报酬以及长期等待。

立即执行财富倍增的密码——分享

乐人之乐，人亦乐其乐；忧人之忧，人亦忧其忧。

——白居易

宝贵的友谊因为朋友之间的互相分享而无比美好，真诚的分享来自心灵深处的美丽，热情洋溢的笑容可以温暖朋友受伤的心灵。每一次愉悦的与人分享都给人带来许久的幸福。

有一个人想知道天堂和地狱的人各是怎么生活的。上帝满足了他的愿望。

在地狱，他看到人们一个个饿得皮包骨，可是，饭桌上并不是没有吃的东西，而是因为他们拿着一米长的筷子拼命往自己嘴里放，可是还没喂到嘴里，菜就掉了。

在天堂，他看到人们过得富足而快乐，但饭桌上的菜肴和地狱并没有两样，他们也拿着一米长的筷子，所不同的是他们所夹的菜，不是喂自己，而是喂对方。

天堂和地狱之间往往在于一念之差，心态和行为方式不同，就会导致不同的结果。成功的人总是能付出的人，只有先付出，才能有收获，帮助别人的时候，就是帮助自己。

分享美好的东西是快乐的，为别人分忧解愁则是分享的另一种境界，不管你贫穷还是富有，只要心中有对世界的热爱，精神与思想上都是珍贵的成就。

在荷兰的阿姆斯特丹，几乎家家户户都会种郁金香。有一个人名叫汤姆，他在他家的院子里种满了郁金香。一次偶然的机会，一个过路人带来了一种非常特殊的种子，并告诉汤姆说，这个品种的郁金香开花之后会异常艳丽，异常透明馨香，你买下，种出来的郁金香一定能卖个好价钱。

时间过得很快，汤姆一直细心地守护着他的院子，期待着花开。有邻居过来问道，汤姆，你那高级的种子能不能给大家都分一点啊。而汤姆的回答总是“不”。

终于开花了，可是令人讶异的是，汤姆家院子里的高级郁金香并没有如同卖种子的人描述得那么好，甚至开出来的郁金香都比不上邻居们院子里的郁金香。结果，邻居们的郁金香都卖得很好。汤姆非常愤怒，心想，肯定是那个卖种子的人欺骗了自己。

第二年，当那个卖种子的人又来到汤姆的门前，汤姆说的第一句话就是："你这个骗子。"卖种子的人问："你是怎么种植的？"于是汤姆就把他如何精心呵护那郁金香的经过讲了一遍。当讲到邻居们来要种子，汤姆怎么也不给的时候，卖种子的人打断了他："呵呵，只有你种了这种郁金香，别家的院子都是普通的郁金香，微风一吹，普通的郁金香的花粉就飘到了你的院子，你的郁金香也不可能开得那么好了，只有大家都种这种特殊的郁金香，经过花粉的传播才能开出艳丽的花朵。"

拥有爱心之人总是喜欢付出，付出聪慧的才智，付出诚实的劳动，锐意进取，寻求发达，在改变自我的同时，潜移默化地影响周围的同道。生命只有一次，参透了人生的诗情画意，领悟了人生的精彩辉煌，慢慢地懂得了与人分享快乐是多么的重要。

事业上的成功让你宝贵的价值得以体现，对更加美好的理想的追求促使你加倍的付出，未来的辉煌灿烂让你情不自禁地加快了前进的脚步。不要白白浪费珍贵的光阴，应该让每一寸光阴都记录下你的成就。当你回首往事的时候，才会发现与人共同进步也是一种有意义的分享。如果你学会了与人分享，你的世界将无限美丽。

改变的勇气与决心就是财富内在的无比能量

有勇气的人才有信心。

——西塞罗

成功的人，大多是有勇气改变自己的。正因为不断改变自己，才找到了适合自己的路，才做出了别人所不能比的成绩。与其每天都把时间用在做事上面，不如用在需要改变自己方面，同样是消耗自己的精力，何不让自己短暂的人生活得更精彩？

为了让生活更美好舒适，我们一直在改变世界，可有时候我们往往把自己搞得遍体鳞伤，周遭却一无所变。是不是该改变一下自己，或者只是改变一下我们的内心呢？

有些人总是憋着这口气努力着努力着，用自己的双手来改变自己的生活，总希望身边的人也能接受这套“理论”，结果可想而知。可是**改变他人，改变一种形势，改变这个世界，需要智慧、策略与力挽狂澜的魄力。**当我们无法改变时，是不是该改变一下自己？

改变不是一种无原则，也不是动摇，而是恰当地改变一下心态、方式、角度，也许这样效果会更好。我们已这样生活了十年、二十年、三十年……哪怕是一点点的改变都需要巨大的勇气。勇敢地踏出第一步，大胆改变自己，才会越活越精彩！

改变并非妥协，所以需要勇气的支撑，支撑着人们在改变中积蓄力量，在不忘记自己“本心”的同时，等待着下一次的崛起。

《飘》是一部以南北战争为题材的美国小说，当南部联盟统帅李将军投降时，南方人民面临的是战争的失败，是在战争中失去的家园和祖辈留下的财产，是曾经的战场上留下的一个个埋藏了无名战士的坟墓，是双目失明或失去了手脚的亲人，还有自己昔日习惯的生活制度的崩溃。但他们并没有因此而被打垮！像主人公斯佳丽一样的人们开始重建起新的生活，尽管他们遭到周围人的批评质疑，但毫无疑问，他们慢慢地影响了周围的人。

所以，在南北战争结束后的几十年里，昔日的种植园主们开起了面包作坊、锯木场，他们开始劳动，凭借智慧和力量谋生，而曾经战火纷飞的地方出现了高楼大厦，又是一派欣欣向荣的场面！人们在勇气的支持下，改变自己适应了社会，但仍保留有热情、无私等那些最美好而宝贵的品质。

《谁动了我的“奶酪”》中有这样一句话：随着改变而改变。可是变怎么会是件简单的事呢？改变对有些人来说是对旧制度的背叛，是意志的不坚定。但要明白，改变不是妥协，而是积蓄力量爆发的过程，它需要在保有基础的同时改变自己，适应环境，而唯有改变的勇气，才能让人在变化之中坚守本分，在变化之后找到自己的位置。

野草懂得在狂风之中改变自己俯下身子，但这是为了随后更好地生长；雄鹰懂得在暴风雨之中改变自己躲于山岩下，但这是为了随后在阳光中自由翱翔。改变的重要性是不言而喻的，而面对随之而来的误解、嘲笑、谴责，却需要极大的勇气去面对。

改变的勇气，让我们敢于改变；改变的勇气，让我们在改变中坚持；改变的勇气，让我们在改变后成长。改变的勇气弥足珍贵，我们的生活，因为它将更加美好！

第十三章

在行动中化解恐惧

引 爆 内 在 无 比 能 量

具有不让恐惧感支配生活的决心

对我来说，信心意味着不担心。

——杜威

有时候我们为什么会莫名害怕？在人群中也会觉得不安全？最简单的事情也做不了选择？担心和异性相处？努力相爱却伤害更深？这些形形色色的问题时刻困扰着我们，却又无法摆脱。

有一个流浪汉在森林中迷了路。天色渐暗，眼看夜幕即将笼罩整片森林，黑暗和危险一步步逼近。流浪汉心里明白，夜下的森林是多么危险，稍不小心，就有掉入深坑或陷入泥沼的可能。除此之外，还有潜伏在黑暗角落里的饥饿野兽，他甚至能想象到它们正虎视眈眈地注意着他的一举一动。

恐惧像一场狂风暴雨般席卷而来，侵袭着他。万籁俱寂，每走一步，对他来说都是一场生死的跨越。就在这时，远方凄黯的夜空中，亮起了几点微弱的星光，它们若隐若现，一闪一烁，似乎为他带来了一线光明。就在这微弱的星光下，流浪汉仿佛抓住了一棵救命稻草，他发现不远处有一位同路人。

流浪汉欢呼雀跃，急忙赶上前去，探寻走出森林的路。这位陌生人十分友善，立刻愉快地与他结伴而行。就这样，他们互相搀扶着、摸索着前进，可没过多久，他发现这位陌生人其实与他一样迷茫。失望之余，流浪汉决定离开这位迷茫的伙伴，再一次回到自己的路线上来。不久之后，他又碰到第二个陌生人。

这个陌生人说他拥有走出森林的地图。于是，他决定跟随这个新的向导，可不久之后，他终于发现这个陌生人是个自欺欺人的人，他的地图只不过是为了掩盖勇气，不敢努力争取，甚至还会因为害怕失败而拒绝承担责任，乃至放弃自身的个性等。

解决这一切问题的办法，就是回归自我，顺便摸一摸自己的口袋，你会发现，原来结束黑暗旅途的地图就藏在你那里。

不要惧怕未知的事物，人生在世，恐惧似乎无所不在。比如，有的人恐高，不敢乘飞机；有的人畏水，不敢坐轮船；有的人患有密闭恐惧症，不敢乘电梯……这些实实在在的恐惧其实都不算什么，因为有的人连自己害怕什么都说不清楚，最后只能笼统地说："怕黑。"其实，这种对于黑暗的恐惧并不是单纯地来源于黑暗，而是另有原因，这恐怕就是来自对未知世界的恐惧。

恐惧，是一种人类及生物心理活动状态，是情绪的一种，是因为周围有不可预料、不可确定的因素而导致的无所适从的心理或生理的一种强烈反应。研究发现：当人们觉得凭借自己的能力无法完成一件事或者将会搞砸一件事的时候，恐惧感就会由此产生。可是，**如果你去尝试，你常常会意识到，很多时候这种恐惧感其实是毫无依据的。**

为了保护我们自己，我们的大脑会不顾一切地阻止我们做一切有风险的事。想象一下，你正乘着飞机在万米高空中时，遇到危险情况必须跳伞，大脑会灌输一些负面的信息让你无法顺利跳伞，那是因为恐惧像种子一样扎根在自己的头脑中。而如果你此前有过很多年的跳伞经验，你的大脑就不会有所顾忌，因为你的潜意识告诉你：跳伞不会有危险。

当你将自己推向自己能力极限的时候，让你感到恐惧的事就会开始减少。久而久之，你会渐渐领悟出一个道理，其实所有的恐惧都是你的大脑出于保护自己的本能而产生的，而且你也会领悟到那些未知的恐惧没有你潜意识中认为的那样危险。

一个刚刚入行的推销员要在街上向行人推销自己的产品，这可能会让很多新人手足无措，他们不知如何开口，不知道是否会遭到拒绝甚至白眼，不知道是否有人愿意买自己的产品，但这并不是无法办到的事。只要克服自己内心的恐惧，勇敢地张开嘴，迈开腿，花一点时间，下一点工夫，你会发现其实这根本算不了什么。

每天做这样一件令自己畏惧的事，你的体内会产生大量的肾上腺素。而且如果你完成了原先你认为做不到的事，你会感觉非常棒，因为你发现不会再有阻止你的障碍了。你会过上更好的生活，获得来自同行们的更多的尊敬，而且你能更好地控制自己，能够经历许多别人想都不敢想的经历。

找到为什么恐惧的根

> 凡事总要有信心，老想着“行”。要是做一件事，先就担心着：怕不行吧？那你就没有勇气了。
>
> ——盖叫天

恐惧是内在的基于人的内心和灵魂具有原始意味的东西，它不需要外物刺激，它比任何东西都要牢固地占据着你的思维。有个人经常会对某些事情感到恐惧，比如，去旅游，担心在飞机上发生意外；偶然地跟一个陌生人发生了口角，害怕被报复……

不可否认，一个人总处于无法解释的恐惧和担心中，不仅影响自己的工作、生活，而且也无法获得别人的理解和支持，他一定觉得孤立无援，很无助。由于得到的信息很少，无法帮自己作个准确的判断，所以只能凭经验提出简单的猜测和建议。这样的人一般都是容易焦虑的人，缺乏安全感，比较在意外界的评价。有的人可以临危不惧，有的人却总如惊弓之鸟。

一个人安全感的多少在很大程度上取决于童年经历，特别是在3岁以内的成长体验。如果一个孩子的童年是在父母的精心关怀下度过的，总能得到体贴、及时的照顾，那么他将建立起对这个世界和周围人的基本信任，安全感会较强。

成长中如果自己经历过或看到自己身边的重要人物发生过重大的伤害事件，也会形成恐惧心理。过去的伤害可能一直没有得到很好的处理，仍然处于一种未完成的状态，也就是恐惧心理的延续。

要想理解自己问题的原因，可以试图检查自己恐惧心理加剧时发生过的事情是否与自己过去的某些经历相类似。如果有，那这很可能就是当初没有完成的任务，需要去关注自己当初的情绪、心理体验，并试着将当初没有表达出来的情绪表达出来。

如果你感觉到你的问题与父母的养育情况有关，最好和他们谈一谈你现在的感受和困扰，当然，并不是要去责备他们，只是要说出来。

此外，你如果很在乎别人的评价、看法，也许你是一个外控型的人。外控型的人经常会过分依靠外部力量，过度忽略自己的力量。在失去外部支持时会有很强的担心，逐渐泛化，成为广泛的恐惧。其实，你可以自己帮助自己，看一看过去的危险是怎么渡过的，自己的力量是怎么起的作用，这样也许你会发现，危险本没有那么强，自己的力量原来足够用。

没有克服不了的恐惧，只有克服不了恐惧的人

弄明白自己在怕些什么，然后勇敢面对。再然后，你就不会再怕了。

——玛丽莲·曼森

不管我们是否承认，或者有无意识，我们时常生活在恐惧和害怕中。

而且随着年龄的增长，阅历的增多，恐惧也随之增加。我们会对未来的状况担忧；会对巨大的压力害怕；会对无法把握的关系感到害怕；会对亲人或者爱人可能随时离去感到恐惧……也许还有很多令我们感到害怕的事或人。

其实，所有一切的害怕，是我们太想把握，或者我们希望自己想要的结果发生。但内心的潜意识似乎又在提醒我们，靠着我们自己。

老鼠不管变成猫还是变成老虎，都还是怕猫，因为它只是“拉大旗作虎皮”，换了一身强者的“行头”，而没有改弦更张，强大自己的内心。如果老鼠心强胆壮起来，哪怕是“鼠胆”也会有“龙威”的。

一个人的最大敌人往往不是别人，而是自己。内心的固有认识往往会决定一个人的外在反应。在困难面前，一个“惧”字让你望而却步，裹足不前，在那些本可以战胜的对手面前最终也甘拜下风。惧由心生，遇到问题总以为自己做不到、做不好，便放下不做，那结果可想而知。历史上因“惧”而失败乃至灭亡之事不一而足。

蜀国后主刘禅听到邓艾率魏军攻占雒县、进逼成都的奏报后，吓得面如土灰，六神无主，忙不迭派人送出降表，又面缚抬棺来到邓艾的军门投降；而北宋王朝统治者面对辽和西夏的军事恐吓，竟然怕到签订城下之盟，纳币输绢以求一时苟安……

敌人原本并非不可战胜，却因为自己心中的惧怕而变得不可战胜，这是多么可悲可叹的历史教训啊！如果能够克服心中的那个“惧”字，心强胆壮地面对敌人，“一切反动派都是纸老虎”！

汉武帝之前，西汉面对匈奴的威胁束手无策，都是采取和亲政策。汉武帝即位后不久，就打算攻打匈奴，可是满朝大臣纷纷上表劝阻，认为来无踪去无影的匈奴是不可战胜的，他们对匈奴的恐惧之感已经渗入了血脉。

汉武帝力排众议，坚决地派兵出塞，一鼓作气地打掉了匈奴的嚣张气焰。从此，汉朝取得了应对匈奴的军事与政治优势。

可见，除掉心中的“惧”字，才能冷静地思考，才能理性地分析，才能勇敢地出击，才能迎来胜利的局面。

大千世界，芸芸众生，谁的内心没有恐惧呢？重要的是**当我们在面对内心的恐惧时，能专注于所面临的考验，并用所有的勇气和努力去战胜它，这样，或许你就会发现一个更出色的自己。**

影片《国王的演讲》没有一个荡气回肠的剧情，没有众多炫人眼目的特效，就是讲述了英王乔治六世如何战胜口吃的故事，但依然获得奥斯卡金像奖最佳影片的小金人。个中原因，就在于影片中所蕴含的战胜内心恐惧的精神打动了观众和评委。

在每个人的心里都藏着一个名叫“恐惧症”的小魔鬼，它经常会在你不经意的时候偷袭你，让你对这个世界充满恐惧。面对这样一个魔鬼，如何才能战胜心中的恐惧？

1. 肯定自己的能力

天生我材必有用，首先我们要相信自己的能力，学会肯定自己的价值。可以在工作和生活当中给自己定下一个个小目标，当我们完成自己定下的目标时，就会产生成就感，这样可以让我们保持良好的心情，并且会变得越来越自信。

2. 战胜自己

世界上没有十全十美的人，每个人都有不足之处，也都有自己的长处，所以既不要无限夸大别人的优点，也不要随意扩大自己的缺点。要相信自己在别人的眼中也是非常优秀的，我们需要做的就是积极大胆地与他人结交，扩大自己的交友范围。

3. 正视心中的恐惧

每个人心中都有这样或者那样害怕的事情，我们应该刻意地去克服这些恐惧感，而不是一味地逃避，例如：当你和人交流不敢看对方的眼睛时，可以先注视他们的额头或者鼻子，然后再慢慢地试着去看对方的眼睛，时间长了就不再害怕了。

4. 允许缺点存在

“金无足赤，人无完人”，正因为人类个体存在着不同的缺点，所以才有了人类社会的五光十色。因此，我们要允许自己有缺点存在，不要过分追求完美，要学会坦然地说“我错了”“这一点我不如你”。只有做到了这一点，我们才可以随心所欲、自由自在、轻松而自如地拥有和享受生活。

5. 不要害怕让别人失望

我们不可能做到让每一个人都满意，只要我们尽了自己最大的努力，就不必介意别人怎么想、怎么看。当我们放开对自己过分的要求，做到不患得不患失，对成功不太在意的时候，成功也就会逐渐走向你并且与你相拥。

6. 积极参加集体活动

集体活动是让自己融入他人的一个好机会，尤其是文体活动。通过集体活动我们可以让自己枯燥的日常生活变得丰富多彩，更重要的是让自己通过与朋友的自然接触而缓减自我感觉被他人关注的焦虑和紧张，进而达到顺其自然与他人接触的目的。

调整心态，正确地认识挫折

流水在碰到抵触的地方，才把它的活力解放。

——歌德

孟子曰："天将降大任于斯人也，必先苦其心志，劳其筋骨，饿其体肤，空乏其身，行拂乱其所为，所以动心忍性，增益其所不能。"不错，世间从来没有平坦的道路可走，人的一生没有都是一帆风顺的，世间的一切生命都无法摆脱挫折与痛苦的遭遇，可是，如果能正确地对待挫折与痛苦，坚持自己的信念，你将会在厄运后获得新生。

人人都想成功，但成功只选择能够面对挫折的人，古今中外都不例外。

德国著名的作曲家贝多芬28岁时因病丧失听力。在厄运面前，贝多芬没有屈服，没有向命运低头，他忍受着在失聪过程中双耳雷鸣般的轰鸣，坚持音乐创作，有时，他甚至同时写三四部作品。

贝多芬说："我要扼住命运的咽喉，它绝不能让我屈服。"创作时，他就用牙咬住一根木棒的顶端，把另一端抵在钢琴的共鸣箱上借以听音。贝多芬就是这样顽强地工作着、奋斗着，创作了大量的音乐作品。而且，他的《第九交响乐》甚至是在他几乎完全失聪的情况下创作完成的。

有些人经不起一点点挫折与痛苦。一次失败，一个批评，一句嘲笑，一度失落……都会使那些人绝望、悲哀，甚至轻生。曾经有这样一篇报道：

一个刚毕业的大学生去一家公司应聘，经过了一系列的审核，他在家等消息，不料寄往他家的是一封谢绝信。他承受不了，决定寻死。可是，就在第二天，公司又来了一封信，说是成绩搞错了，被录取的应该是他。

他看后，立刻跑去公司，但老板却对他说："对不起，你的成绩最高，我们本想录用你，可是我们接到消息说你要寻死，我们公司是不会雇用一个连这点挫折都受不了的人的。请你另外找份工作吧！"

可见，逃避厄运的永远是失败者。

为什么我们这一代人会如此的脆弱，竟经不起这些小小的考验？高尔基只读过两年书，但他的作品传遍全世界；齐白石只读过半年书，但他刻苦自学，终于成了著名的画家……也许有人说：“他们是伟人，伟人本来就应该承受得了挫折。”可是，你们可曾想过，他们是经历了无数次挫折后才有所成就的。

逆境是磨炼人格的最高学校，不幸是一所最好的大学。痛苦能孕育灵魂和精神力量，灾难是傲骨的乳娘，祸患则是豪杰的乳汁。挫折，是人类生命中不可避免的，悲观的人只能看见乌云密布，乐观的人却能看见成功的方向。不经历风雨怎么能见彩虹，只有正视挫折，生命才能发光发热，人生舞台才会博得众人的喝彩！

大千世界，变幻无常，万事称心如意是不可能的。困难总是暂时的，只要坚持不懈地努力做生活的强者，将挫折化为成功的垫脚石。

挫折对不同的人产生的效果是不一样的。遇到挫折时，要积极寻找补救的方法，将挫折化为成功的动力。理智地分析出现问题的根源，要认识自己、了解自己和勇于面对现实；给自己留的余地要大一点，战胜挫折，把自己锻炼得更加成熟和坚强！

不恐惧的最好方法就是战胜恐惧

被克服的困难就是胜利的契机。

——丘吉尔

恐惧是一种心理想象，是一个幻想中的怪物，一旦认识到这一点，恐惧感就会消失。如果都被正确地告知，就没有任何臆想的东西能伤害到你了，就不会再感到恐惧了。

有一次，卡兰德在澳洲的一个漂亮饭店里，看着游泳的朋友们在

阳光下嬉戏，忽然有一种不舒服的感觉涌上心头。卡兰德告诉他们：“我怕晒黑，所以不想下水。”朋友们笑着怂恿他：“不要因为怕水，你就永远不去游泳。”

阳光撒在朋友们水滑滑、光亮亮的肌肤上，他们像海豚一样骄傲地嬉戏着，而卡兰德其实并不想只是躲在没有阳光的阴影里看着他们快乐，他觉得自己是个懦夫。

一个月后，朋友邀卡兰德到一个温泉度假中心，他鼓足勇气下水了。卡兰德发现自己没自己想象中那么无能，但他不敢游到水深的地方。“试试看，”朋友和蔼地对他说，“让自己没顶，看会不会沉下去！”

“你说什么？”卡兰德还以为他这个游泳高手故意开玩笑。卡兰德试了一下。朋友说得没错。“看，你根本淹不死，沉不下去，为什么要害怕呢？”

卡兰德被上了一课，若有所悟。从那天起，他不再怕水，虽然目前不算是游泳健将，但游个四五百米是不成问题的。

如果不能自己除掉恐惧，那样的阴影会跟着你，变成一种逃也逃不了的遗憾。你不应该允许自己到了七老八十，才用苍凉的声音说“我本来想当一个作家的……”或是“我小学的时候曾经得到演讲比赛第一名，只是现在……我……我……我一在大家面前讲话就发抖”。

任何一个人都不会因为担心人家嫌自己丑而永不出门，不会因为恐惧空难而不敢去旅行。北美印第安人喜欢这样一句话：“不正面面对恐惧，就得一生一世躲着它。”人生中有不少潜藏的恐惧，有的是因自己的怯懦而产生，有些是外力在我们成长过程中所加诸的阴影，如果我们正视它，正面迎接它，就会发现，它其实并不可怕。

野兔在自己的洞穴中冥思苦想。在黑糊糊的洞中，它感到烦躁忧郁，有一种莫名的恐惧感。它叹息道：“天生胆小是多么的痛苦，不仅吃不到好东西，还要时常提防遭受袭击，不能感受到真正快乐的滋味。该死的恐惧总是搅得我不能安寝，即使睡着了眼睛也还是睁得大大的。”

一只聪明的兔子建议说：“你必须改变这种生活态度。”“恐惧能消除吗？别人也可能像我一样，时常担惊受怕。”野兔时刻警惕地环视着周围，机敏多疑地捕捉一丝微风、一点阴影，不放过任何可疑之物。

野兔又陷入了沉思，一点轻微的响动惊醒了它。它疾步往兔窝跑，经过池塘时，看到一只青蛙飞快地跃进池中，深深潜入水里。“哦，我也能让其他动物像我一样惶恐不安，竟然还有别的动物见到我望风而逃，我是个战士了！我搞清楚了，原来恐惧并非我一个人所有，谁的内心都怀有一丝恐惧。只要我勇敢一些，就可以战胜它了。”

常保持积极的、自信的、欢乐的思想，往往就会增强我们的精神机能；反之，怀疑、恐惧、缺乏自信的思想就会削弱我们的精神机能。如何来战胜恐惧呢？

1. 探索一下自己内心的想法

发生的事情可能令人不快，但并不是那么可怕，或者说并不是一场灾难。用不着仅仅因为有些事情不尽如人意，就长时间地感到不安。如果危险真的发生了，担心和恐惧反而使人紧张、虚弱，没有力量面对危险。

2. 去冒险吧

如果你打算探讨一下感到恐惧的内在原因，并且加以改变，那么必须去冒险，必须做那些使你感到恐惧的事情，并且要准备好面对这种“危险”。

3. 松弛练习

当认为某件事物有危险时，我们的呼吸就会自动加快，血液里氧气就会增多，就会变得烦躁不安。当我们有意识地做松弛练习时，就可以减少恐惧感。

4. 想象练习

想象自己身临其境于使你感到恐惧少一些的场合，生动地设想每一个细节。如果在想象练习中产生了恐惧，可以重复使用松弛技巧。

5. 奖励和处罚

如果实现了自己的目标，就慷慨大方地度一次假；如果总是回避或没有做练习，就禁止看电视、读报或做你最喜欢的事。

第十四章

内心强大，内在能量才会无比强大

引 爆 内 在 无 比 能 量

问问自己真的不可以吗？ 又为什么不可以

要想了解自己，就要观察别人的行为；要想理解别人，就请体察你自己的心吧。

——席勒

头顶同样的蓝天、脚踏同样的大地，一样的条件下生活的人们，有的可以活的风生水起，站上金字塔顶端；可大多数却总是徘徊在温饱线——工作二三十年，省吃俭用买个住房还要贷款，似乎自己的汗水只成就了他人事业的辉煌。于是大家都会禁不住好奇：成功的奥秘在哪里？实现梦想的途径又是什么？

其实，成功来源于内心，钱往有思想的人的口袋里钻，正所谓：脑袋空空口袋空空，脑袋转转口袋满满。**人与人的最大差别就是信念，成功与失败、富有与贫穷很多时候只不过是一念之差。**

从前有一个人碰到一个算命道士，道士说可以为他预测未来，结果显示：他以后会成为亿万富翁，在社会上获得卓越的地位，并且娶到一个漂亮的妻子。

这个人一点都不相信自己会有这么奇异的人生，于是继续浑浑噩噩地过他的生活，最终穷困地度过了一生，孤独地老死了。可是当他死后，他又看见了那个算命道士，原来道士是神仙变的。于是他很奇怪，为什么神仙说的还会实现不了。

神仙回答他：“我的确承诺过要给你机会得到一切，可是你让这些机会从你身边溜走了。”这个人迷惑了，他不记得自己有过什么机会。

神仙接着说："你曾经想到一个好主意，可是你不知道自己对不对，于是就去问别人，问了10个人有9个人说不能做，你就没有行动，几年后这个主意被另外一个人使用，发了大财；还有那一次有位美丽的姑娘被小偷抢去了背包，你可以上前制止，可是你却害怕危险而默不作声，从而丢弃了可能获得的尊重和荣耀；对了，那个姑娘本也会因为你的英雄救美而爱上你的，她会成为你的妻子，然后你们会有好几个漂亮的小孩，跟她在一起，你的人生将会有许许多多的快乐。可你就这样让她从你身旁溜走了。"

这个人听完神仙的解释，点头的同时，流下了遗憾的泪水。

是的，每天我们身边都会围绕着很多的机会，可是我们经常像故事里的那个人一样，对来之不易的良好机会总是拿不定主意，让机会白白溜走，或是因为害怕而停止了脚步，就这样随波逐流，放弃了机会。幸运的是我们比故事里的那个人多了一个优势：我们还活着，我们还可以从现在起去抓住那些机会，还可以去创造机会。

也许你会说"我没有神仙预测命运的轨迹"，也许你认为自己能力不强、资金很少，连经验都不丰富，可是这些真的都是必需的吗？有的人当初带几千元进股市，几年后便会成为百万富翁；有的人用几百元去摆地摊，十年后却成为大老板；不打破固有思维，就抓不住许多在我们看来不可能的新机遇。

美国的一个街角，会聚着来自各地的流浪者。一天，他们其中的一个对被风吹来的一张报纸很感兴趣，然后津津有味地看了起来。

报纸上一个很不起眼的地方写了这样一则报道：一美元购买法拉利，后面还附有出售人的地址。这个流浪者对这个消息很好奇，于是就找到了报纸所提供的地址，那是一座很漂亮的别墅，他敲开门，说明来意后，管家把他带到了一个贵妇人面前，妇人说："一美元，你就可以把法拉利开走了。”结果这笔交易真的就成功了。

原来，这个妇人的丈夫不久前车祸身亡了，名下的所有财产全部归她所有，但唯独这辆车却留给了丈夫的情妇，可是拍卖权还归属于妇人，她气不过丈夫的背叛，就用一美元卖掉车子，然后把这仅有的钱送给那个情妇。

听完事情的原委，流浪者踏踏实实地开着法拉利高兴地回到同伴之中，其他流浪者知道了他的这个经历后，有的抱怨、有的沉默，也有的懊悔、嫉妒，但最多的声音还是“这张报纸，这条信息我们在几天前就看过了，以为是根本不可能的事”。

故事告诉我们，机会是大家的，也是平等的，只是有的人愿意去探索和实践，他们付出了时间和精力，也得到了回报。也许，现实中的回报不像故事这样巨大和明显，可是都不要忘记条条大路通罗马，别轻易否定自己。多问问自己真的不可以吗？又为什么不可以？别为失败找借口，而要为成功找方法，没有什么是不可能的。

天高任鸟飞，海阔凭鱼跃。不要怨天不够高，不要怨海不够宽，而要看鸟有没有比鹰飞得高的愿望，鱼有没有敢跃龙门的志向。很多时候成功是从决定战胜自己的那一刻开始累积而成的！

绝大多数的难题都是我们想象出来的

心灵建造了天国，也建造了地狱。

——弥尔顿

面对如今喧闹而竞争激烈的社会，并不是所有人都有勇气和未知抗争。面对困难和敌意，大多数人都会选择妥协，庸庸碌碌、平平安安、近似麻木地度过一生，而不是敢爱敢恨，敢想象用自己的力量去改变人心和世界。人们对自己陌生的事物总是习惯性地充满畏惧，认为路上必定荆棘从生，所以对自己无法到达的目标顶礼膜拜，却从来不去尝试看看是否真的那么难实现。

没有受过磨炼的人是最不幸的。很多时候，我们不是被困难难住了，而是被自己想象出来的后果吓住了。困难的大小是没有衡量标准的，困难也不是任何人强加到自己身上的。世界上没有克服不了的困难，有的只是自己不肯克服困难的心理，大多困难都只是自己想象的，如果我们把困难想象成小石头那么大，抬抬脚就迈过去了；想象成大山一样巍峨，就好像怎么也翻不过去，关键就在于我们如何去解决这个问题。

从前有个书生，出身贫苦，却很有文采，奈何一直时运不济未能取得功名。一年入乡赶考，路过一个大宅院，矮墙里不时传出女子的欢声笑语，伴随着悠扬婉转的古筝声，他听得如痴如醉，禁不住作诗一首扬于墙内，然后默然走远了。

3年后他考中状元依旧对那个庭院里的女子念念不忘，这次他终于有勇气前去提亲了，可是女子早已嫁做人妇。问及是何人时，女子的父亲和蔼地回答道："女婿只是个文弱书生，虽未得官职，却学富五车，赋诗一首与小女情投意合。我家唯有一女，不求她高攀显贵，这里的一切我百年以后也足够他们夫妻富足一生了。"

状元郎听后很是感慨，原来并不是所有人都看不起穷酸的读书人的。可是现在为时已晚，只能无奈离去了。

一则小故事，旨在向我们说明不去尝试陌生，只能白白错失良机。很多时候陌生并不可怕，可怕的是我们不敢去接受。

也许每个人都有过这样的经历，当我们从家乡来到一个新的城市，哪怕它多么的繁华热闹，我们都会从内心本能的排斥：人们都说这里怎么怎么富裕，可是火车一路驶来，车道两旁不也有很多穷人吗？能比家乡好到哪里去呢？家乡的花花草草，都是自然有活力的，而新城市却显得那么没有生机。由于我们感觉这里不属于自己，所以无视她的美丽，同时也暗示自己不属于这里，不能被诱惑，使得自身更难融入其中。

我们不应该总思考自己未来会遇到什么困难，会有什么样的压力，而应该大胆向前走，也许会惊喜地发现一切都那么容易。只是我们习惯在未做某事前先试想说了或做了，别人会如何，于是越想越复杂，最后仍旧困扰于说还是不说的阶段。

其实，那些所谓的困难并不存在，只是人传人，传到自己的耳朵里，“误把针尖当麦芒”，我们只听到了某个结果，然后自行想象和扩大化了过程。人活着，是享受生活，而不是为了生活。**我们仅仅是享受生活这么一个过程，享受生活里每一件事的过程，享受我们经历的每一个过程，而不是要有什么固定的结果。**

生活，就是一个享受、经历、学习、提升的循环，让我们试着告诉自己，告诉生活：我来过，我经历过，我享受过，这就是我的目的。勇敢尝试，放宽心态去说、去做，其实很多事过去后才发现并没有想象的那么困难，之前的一切只不过是自己给自己设置了屏障阻碍。这世上我们要战胜的只是自己，因为路永远不止一条。

保持乐观心态，学会正面联想

> 真正的快乐是内在的，它只有在人类的心灵里才能发现。
>
> ——布雷默

心理学家告诉我们：自觉保持永远快乐的心境既是一门健康的科学，又是一门生活的艺术，并不是所有人都能够掌握的。

有些人活在世上，恰恰总是态度消极，把事往坏处想，结果弄得自己整天处在高度紧张和猜疑中，始终开心不起来。同样的事情，结果可以完全不同，就看我们自己是用“春风桃李花开日”这样积极乐观的思维看世界，还是用“秋雨叶落时”那种消极、悲观的角度看世界。同观落花鸟啼，既可以“人闲桂花落”，也可以“无可奈何花落去”。

乐观者会选择快乐的生活态度，正面思考未来，因而拥有了量力而行的睿智和远见，也学会了审时度势、扬长避短，能在工作和生活中把握时机。

两个研究员相互合作，共同承担了一个科研项目，可是在即将定论的测试中，他们遭遇了从未有过的困难，出乎意料的失败了，从中也发现了一些以前没有预见的问题。一个科研员自此陷入了深深的自责之中，甚至怀疑自己是否有完成这项研究的能力；而另一位研究员却为此感到欣慰：幸好是在项目投入前发现了问题，没有什么实际损失，还可以在实际运作时避免这些错误。他很快就再次投入到了研究中，最终顺利完成这个项目，并获得巨大成就。

悲观的失败者视困难为陷阱，乐观的成功者视之为机遇，结果就有了两种截然相反的人生。生活从不缺少美，缺少的只是发现的眼睛。凡事往好处想，是乐观的一种方式，可以让我们看到希望，增添生活的勇气和力量。

每个人都渴望过上幸福快乐的日子，可是，生活却是错综复杂、变化万千的，有喜悦如意的际遇，也难免遇到令人抓狂的无奈事……于是，有人为了几元钱而耿耿于怀，工作闷闷不乐；有人放下正在做着的事情，用精力去应付闲言碎语；有人为一点点误会而纠缠不清。

生活的道路崎岖不平，难免有挫折和失误，也少不了烦恼和苦闷，谁都难以做到一帆风顺。我们只有用积极的心态去迎战突如其来的挫折，才能不被其所击垮，并从中获取有益的经验和教训，继续走上成功的道路。这些道理说起来简单，做起来难。

美国但维尔地方的百货业巨子约翰·甘布士就是乐观的勇士。有一年圣诞节前夕，甘布士想前往纽约办事。妻子在为他订票时，车票已经卖光了，为了打消他的念头，妻子向他转述了售票员的话“只有万分之一的机会可能会有人临时退票”。

谁知甘布士听到这一情况，依然收拾起了行李。妻子不解地问：“既然已没有车票了，你还收拾行李干什么?”他说：“我去碰一碰运气，如果没有人退票，就等于我拎着行李去车站散步而已。”

在开车前三分钟，有一位女士因孩子生病退票，就这样甘布士成功地登上了去纽约的火车。以至于后来他成功的经验之谈都极其简单，那就是“拎着行李去散步”，不放弃任何一个可能哪怕只有万分之一的机会。他说：“凡事往好处想，别人以为我是傻瓜，其实这正是我与别人不同的地方。”

这个故事也进一步告诉我们：同样一件事，往好处想，心情就变好，也有可能抓住机会；往坏处想，就谁也无能为力了。**乐观的心态可以赋予我们信心，去成就事业；也可以帮助我们战胜困难，走出逆境。**同时，一个精神充实、生活充满快乐的人，也必然是一个心理健康的人。

其实，人世间并非无烦恼就快乐，也并非快乐就没有烦恼。能否保持愉快的生活，主要在于我们自己的心态，心态改变了，性格也会改变，生活便会随之变得美好起来。

在行动中提升自我的信心

要有所行动，然后认识你自己。

——蒙田

人生，是一场战斗的过程，时而平稳顺利，时而坎坷残酷。而信心无疑是度过这茫茫黑暗的指路明灯，它让人看到前进的方向，赋予人奋斗的动力；可以把人从困境中解救出来，重新振作，甚至很大程度上促进了一个人的成功。

很多年前，圣母大学橄榄球队有一场颇具纪念意义的比赛在德州的达拉斯举行，他们的对手是休斯敦大学队。当日寒风彻骨，温度在零下六摄氏度，这对处于温带的德州而言，气温反常得令人不适应。

上半场结束，休斯敦队遥遥领先，圣母队的主力——最凶悍的爱尔兰裔四分卫蒙·大拿身体不适，发高烧。教练戴文只得命令他留在休息室，喂他吃下药片、喝下热鸡汤缓解症状。队友听说他不会再上场，认为球队大势已去。

可是这位身体不适、频频颤抖的主力却在比赛的后四分之一重新上场，他鼓足信心，坚定目标，在终场结束的刹那，以一个“达阵”得分打出了圣母队有史以来最漂亮的一场反败为胜战役。据蒙·大拿本人事后描述，他当时只是相信自己一定会回到场上。

在未能卜知自己的命运时，“相信”发挥出的前进力量由此可见一斑。以这场球赛来说，一个病着的主力在比赛剩下的短暂计时中获胜的概率并不大，但也不是全无可能，虽然我们很少会遇到如此极端的状况，可是要想掌握机会，很多时候都需要跨出原有的认知，“预先相信”，化态度为行动。

可是，大多数人想产生信心并不容易，需要经常与“怀疑”搏斗。我们消极地等待着信心从天而降，或坐等机会来敲门，却不知道有时只要先展开行动，就能轻易看到原本视而未见的机会，信心也会随之出现。因为**行动本身就会增强我们的信心，而不行动只带来恐惧。**

对于爱好跳伞的人来说，跳伞本身真的很好玩，可是“等待跳伞”的那一刻，却是十分难受的，跳伞的人把这个时间拖得越久就越没有信心，最后往往失去了勇气享受这一乐趣。“等待”甚至折磨得很多名人神经兮兮的。

《时代周刊》就曾经报道过：

美国最有名的新闻播音员爱德华·莫罗先生，在新闻开始以前总是满头大汗，但只要面对着麦克风开始播音，他进入状态，所有的恐惧就都没有了。

相信很多登上过舞台的人也有过这样的体会。就是灯光亮起前那种心跳漏一拍的紧张，可是当帷幕拉开，一切无药自愈，很多有经验的演员都承认，治疗舞台恐惧症唯一的良药就是行动。

一般人应付在没有信心时的常用方法有很多让人思量之处：街头的推销员要接触很多人，连最老练的推销员也不免会有怯场情绪，他们为了克服这一心理，往往会在客户周围徘徊或者躲起来深呼吸来培养自信与勇气，结果根本没有任何效果。其实克服任何类型的信心不足的最好办法就是，立刻去做。

也许你从来不敢和心仪的他说话，你担心没有话题，担心被讨厌，那么马上去打电话，接通的瞬间你自然会知道该说些什么了，说不定他会和你很投缘呢。也许你不舒服偏又不敢去体检，你害怕知道结果，但只要你去所有的疑虑都会消除。你可能什么问题也没有；万一有，也可以及早发现。如果不去检查的话，恐惧只会越来越深。

19 岁的亨利在一家五金店做销售员，他非常喜欢自己的工作，并认为只要努力工作、认真学习，就一定会成为最成功的销售员。可是他的上司并不看好他："你还是去铸造厂吧，你笨嘴拙舌空有一身蛮力，那里更适合你。"他的上司说。

对于如此年轻的亨利，这是多么大的打击啊。可是他却并没有放弃，他决心要取得胜利，因为他始终认为自己工作得很好。他被辞退后，依然辗转于各种卖场，经过不停地锻炼，他终于成为了全国最大的五金商之一。

对于一个金币来说，如果沉在海底，那么它的价值是零，只有将它捞起来并流通在市场，才能体现出它的价值。人亦然，行动是改变现状的唯一捷径，而犹豫只能消磨人的斗志，击退人的信心。

要征服畏惧，战胜自卑，不能夸夸其谈，止于幻想，必须付诸实践，见于行动。从现在开始，试着练习突出自己，在各种形式的聚会或课堂中，尽量挑前面的位子坐，勇于发言，不要害怕引人注意；与人交流要用眼睛正视他人，展现自己；行走时，保持昂首挺胸，步伐要轻快敏捷，不要显得姿态懒散。

让我们改变流程，径直采取必要的行动来消除烦恼，这样往往可以引发适当的情感与态度，从而让我们看见先前的盲点，获得不可估量的信心。

始终相信自我，相信自我的选择与决定

应该相信，自己是生活的战胜者。

——雨果

在这世上，每个人都是独一无二的！一个人能做的事，换作别人未必能行，这种称之为特质的东西是生命赋予我们无限的能量，而我们只有相信自己，才能最大化的发挥它的作用。不管处在何种境地，只要有信心就终究可以走出来；每一件事的成功，背后都需要信心的支撑。

“人无完人。”每个人身上都会存在很多问题，很多事情做起来吃力，难免被别人挑剔，久而久之，自己也会发现自己的不足，从而怀疑自己不能胜任，对自己的重要性感到怀疑。可是，没有人天生什么都会，知识和经验都是付出汗水努力学来的。不是自卑的态度就是谦虚，恰恰相反，**只有自信的人，才能知道“海纳百川，有容乃大”的道理。**

在明白自己不如别人时放低自我，虚心请教，以博采众长弥补自己的不足，敢于去尝试，从而提升自己的能力。

古老的东方有一个人，他曾经遍游世界寻找最聪明的人。有一次，他终于打听到世界上最聪明的人就住在高高的喜马拉雅山的山洞里。于是他收拾行装出发了。

穿过群山和沙漠，历时五个月，他骑着马走上高山窄窄的山间小道，到了一个小山洞前。洞中坐着一个白须老人，他高兴地问道："你一定就是传说中的智慧老人吧？"老人站起来，走到光亮的露天，看着东方人的脸说："是的，我因为聪明而闻名天下，你有什么问题需要我帮助吗？"

东方人不好意思地说："我怎么样才能寻到和你一样的智慧呢？"老人盯着旅人焦急的眼睛和被风霜打磨的面庞，慢慢地说："你在哪儿能找到你的马，就在哪儿寻找智慧。"从此东方人大彻大悟，他的马一直跟着他，伟大和智慧也一直跟着他。

很多时候我们也如同故事中的人，总是不停地自问："我行吗？"其实答案就在我们脚下——相信自己，成功也会紧紧相随。没有一个人的未来是确定的，我们无法掌握生命的前方将会发生哪些事情，我们能做的就是相信自我，相信自己的选择，决定了就要坚持下去。

人生的路有千万条，面对选择也有千万种，从小到穿衣吃饭、大到结婚事业，不管什么性质的选择，不管选择多少次，我们都应该走下去。

1832 年，一个年轻人失业了，这使他很伤心。经过思考，他决心要当政治家，去竞选州议员。可是霉运没有远离他，他失败了。接着他着手开办自己的企业，希望累积资金重新参与竞选，可一年不到，企业就倒闭了，甚至在以后的 17 年间，他都不得不为偿还企业倒闭时所欠的债务而到处奔波，历尽磨难。

可是他还是决定再次参与竞选议员，这次的成功使得他内心萌发了一丝希望，认为自己的生活终于有了转机，可是不幸再次降临。

1835 年，就在距离他结婚还有几个月的时候，他挚爱的未婚妻不幸去世，这次精神上的打击实在太大了，心力交瘁的他数月卧床不起，一度患有神经衰弱症。身体状况稍微好转后，他又先后两次参与竞选议长来转移思念，但都以失败告终，后当选国会议员，也没能连任。

一次次的竞选又让他赔了一大笔钱，州政府在他的申请退还信上还指出："做本州的土地官员要求有卓越的才能和超常的智力，你的申请未能满足这些要求。"

他尝试了11次中，只成功了2次，但他一直没有放弃自己的追求，他期望做自己生活的主宰。1860年，他当选为美国总统，他的全名是亚伯拉罕·林肯。

一个人想干成任何事，就要能够坚持下去，坚持下去才有可能取得成功。在十字路口，我们选择了其中一条道路，就意味着要放弃其他三个可能。

与其在事后遗憾地感叹："早知道这样，我就……"不如慎重地对待自己的选择，认真地分析看清每个选项的利益点和阳光性，尊重自己的决定，勇敢地为它努力，承受其所带来的结果，即使遭遇逆境，也不要生活在怨恨和忧郁中，眼前的得失不足计较，未到生命的尽头，永远没有人知道这一次选择的真正意义。

走在自己选择的路上，任凭它穿过树林，越过沙漠，还是翻过山头，渡过大海，路上有艰辛和泥泞，那么路边也一定有宜人的风景，只有到达终点，才会寻到我们一生所追求的答案。所以，让我们一起相信自己，善对自我的每一个选择和决定，并不懈地为它努力。既然选择了远方，便只顾风雨兼程；既然目标是地平线，留给世界的只能是背影。

第十五章

永远不能忽略的身体健康

引 爆 内 在 无 比 能 量

用健康赚钱还是用钱买健康

健康是人生第一财富。

——爱默生

因2009年春节联欢晚会火了的小品《不差钱》中，有这样经典的两句台词，小沈阳说，人生最痛苦的事是人死了，钱没花了；而赵大爷却认为最痛苦的是，人活着，钱没了。初次听完笑过之后，也不由得引人思考，对于人的一生，究竟是钱重要，还是健康重要呢?

社会上曾流行一句话，“年轻时用命换钱，老了用钱买命”。社会权威机构为此做过一个调查，在闹市街头随机采访路人，问的问题是“你觉得人这一辈子什么最重要?”，结果超过90%的人回答是“钱最重要”。然后调查人员又来到医院，对医院的病人和家属问同样的问题，得到的结果是几乎100%的人都认为是“健康最重要”。

这个调查正好说明了上面那句话的详细意义：很多人上半辈子努力工作，使劲赚钱，甚至不惜以透支身体为代价；等到了年迈体衰的时候，即使把以前的积蓄全部拿出来，送进医院，也换不回来健康。

一个人要想赚大钱、成大业，除了才干、机遇之外，还有一点更加重要，那就是健康。年轻时，很多人没有“健康”两个字的概念，觉得自己身体好、精神足，可以整夜不睡觉地打拼，别人的关心劝说，全都当作耳旁风，总认为自己不会那么倒霉；等到了一定的年纪，才慢慢地体会出“健康”的可贵。

一般来说，人身体的发育到25岁左右就停止了，换句话说，要开始衰老了，这种体力的表现在30岁前还不太感觉得到，但之后便会日益明显的觉得自己不如以前，四五十岁开始，身体会开始出现一些毛病，情况就更差了。

而对于事业方面来讲，大部分人都是在四五十岁这一阶段取得成功的，这也恰好是人的身体由盛转弱的时期，那些平时注重身体保养与健身的人，可能会尝到甜头；而那些年轻时只顾拼命，不管身体的人则会吃到苦头。

赚钱是为了实现理想，取得成就感的同时，更是为了自己和家人可以生活得更好。但如果为了赚钱，赔上了自己的健康，那未免就得不偿失，丧失了赚钱的初衷。所以，人活于世，健康第一。

保住健康才能有未来，而健康是靠我们去得到的，只要我们愿意，就可以得到它。可是赚钱不同，没听说谁赚钱可以随心所欲，想要多少就能得到多少。

虽然人们普遍认为勤奋辛苦就可以赚到钱，但很多时候也难免事与愿违，使得人们心中所想、付出与得到并不成比例，所以，有人会在忙了一天之后叹气说："钱真难赚。"也有人好像不费力气，就财源滚滚，这是我们嫉妒不来的，相信在社会上行走过一段时间的人都会有同感。

人活于世，多数不去奔波是无法生活的，但也不能做个"拼命三郎"，钱不是一下子就能赚得盆满钵溢，时时惦记着"赚钱"这件事，只会给自己造成一种压力，压迫自己超负荷的工作，对身体和心理精神方面都是不利的。只有保住了健康之本，才有更多可能去奋斗。

所以，对于赚钱的态度，勤奋努力是对的，但也要考虑到健康问题，不要太勉强自己，还是要顺其自然，把握好机会。否则弄坏了身子，即使面前有一堆金子，也无力去拿不是吗？

如果说钞票代表着一种财富，是体现自身价值的标准，那么健康绝对是无法用任何财富衡量和换取的珍宝，它需要我们用心去实现。也许你会说自己又想赚钱又想要健康，那么在心里明白次序，懂得取舍后，坚持养成良好的生活习惯吧！健康是日常得来的，有了它，又怎么会没有机会赚钱，享受成果呢？

人不是机器，即便是机器也要适时保养

> 必须从年轻时期就打好基础，随时随地去锻炼身体。
>
> ——徐特立

当今，很多人在日常工作生活中把自己当作机器一般运转，形容一天的工作是“累得像狗一样”。不可否认，工作对很多人来说既是负担又是生活中的必需，是一种具有生理、心理、社会等特性的人类独有活动。它可以满足人归属于某个团体的需要、拓展个性，又可以确定和衡量他们自身的人生价值。

有的人喜欢自己的工作，把它作为实现理想的途径，也有人单纯地把工作当作生存的需要。可是任何人本质上都是有别于机器的，人是感情动物，工作不单是完成任务，还要处理好和上级、同事的关系，这让人在能感受成就独有魅力的同时，也承受着比机器更巨大的压力和恐惧，所以从这种角度来说，人比机器更容易劳损。机器高速运转会坏，时间久了需要更新换代，日常也少不得保养，何况人呢？

机器不是无缘无故坏掉的，人的身体也不是一夜之间就会垮。身患疾病往往都是长久以来生活习惯、饮食方式等方面的小小伤害被忽略而不断累计的结果。我们可能有很多的机会让身体的伤害不再继续，但我们却以“很忙啊”“身体还没明显不适啊”“没钱啊”之类的各种借口推诿、不愿承认、不采取任何措施，等到已经无法挽回的时候才开始哀叹人生，为何上天对自己那么不公平，其实一切都只能说是咎由自取。有生之年，我们何不也给自己“加点油”“维修一下”，利用“保养”代替无谓的叹息呢？

生于1955年10月28日的比尔·盖茨，今年已经59岁。他曾一手创办微软公司，在《福布斯》排行榜中连续20次蝉联美国首富桂冠，被誉为“全球最有创造性的企业家”中的第一人。这个处于毫无规律的编程生涯中的名人却始终保持着健康的体魄，这得益于他始终认为健康比财富更重要，而坚持健身，即使是在创造财富的过程中也从未停止。

在盖茨基金会与美国国家卫生研究所举办的“全球健康挑战运动”启动仪式上，他做出发言：“没有任何一件东西比健康更重要，从事医疗保健事业更是如此。计算机技术对我而言是一个非常有吸引力的领域，该领域的发展十分重要，可是与健康相比，财富和高技术都只能名列其后。”

通过保养，机器可以继续运作，人的身体也可以保持能量。所以，提高健康的意识和日常的保健至关重要，很久以前看过一首关于健康观念的打油诗，具体作者是谁，无从知晓，但确实非常有道理，和热爱健康的人共享：**若要与君谈养生，有空也忙；阎王召见命归天，没空也去；健康投资总没钱，有也没有；病到临头用万千，没有也有。**

那么，一个人怎样才能保养自己的身体、保住可贵的健康呢？保持正确的工作和生活方式当然是不二法则。其中，弄清楚自己每天状态最好和最坏的时间段，把困难的、主要的工作交给“高能”时段的自己，用尽量少的时间去完成复杂的任务，并把工作留在“办公室”里，计划好自己的一天，把休息安排在内，调节好生物钟，对养护自己尤为重要。

除此之外，我们还应该注意以下几点：

第一，要学会节制欲望，在社会上做事，虽说免不了应酬，但应酬也要有所节制，不能想做什么就做什么。酒色财赌，更不能陷入其中，否则害人害己，更容易伤及身体。

第二，要依据个人的体能、时间、场所，时常活动筋骨，利用身边一切可利用的条件进行一些有计划、简便易行的体育锻炼。

第三，要定期检查身体，有问题以便提早发现，避免酿成大祸。

健康是一种资本，不要把“太忙”“没有时间”当作借口，“辛勤工作”和“忙”并不是忽视身体健康的理由。难道还有什么事比保全身体更重要的吗?

身体健康，内在无比能量的存储器

健康是这样一个东西，它使你感到现在是一年中最好的时光。

——亚当斯

所谓身体是革命的本钱，只有身体健康，每天才能活力四射地面对生活，才能有足够的精力和体力处理工作，游山玩水，走遍世界的每一个角落。所以，养成良好的健康习惯，及时补充能量，才能让我们每一天的生活更有意义。

有这样一个小故事：

冬天，村妇发现自家门口坐着三位蓄着花白胡子的老头儿，仙风道骨的样子。她不认识他们，但看着天寒地冻的，老人们坐在外面也怪可怜的，就对他们说：“太冷了。如果不嫌弃，不如进来屋里暖暖手吧。”

三位老人问道：“那你家男主人在吗？如果不在，我们不能进去。”妇女答道：“他现在不在，不过很快会回来的，你们可以先进来吃点东西。”老头们摆摆手，还是不肯，村妇见状也不再勉强，便自己回屋里去了。

傍晚，村妇的丈夫回来听说了这件事，说：“肯定是神仙，我回来了，快去请他们进来吧。”于是，村妇来到家门口请三位老者一起进去，但三位老者还是摇摇头，其中一位老人指着身旁的两位解释道："谢谢你邀请我们，这位是成功，那位叫财富，而我是健康，我们是不能一起进屋的。你可以和丈夫商量一下，愿意我们当中哪一个进去。"

村妇回去将这番话原原本本地告诉丈夫，丈夫想了想说："我们请成功进来吧，这样可以受到很多人的佩服。"妻子表示不同意："我觉得财富进来更好呢，这样可以黄金满屋。"

他们的孩子听到了，建议道："请健康让我们一家人身体健康，幸福地享受生活才是最好的。"夫妻俩想了想觉得有道理，于是一起来到门口拉着"健康"老人的手："请健康来做客吧。"于是健康老者起身向她家走去，另外两人也站起身来，紧随其后。

妻子吃惊地问后面的两位："刚才你们说不能一起进来，为什么现在又随同而来？"两位老者道："健康走到什么地方我们就会陪伴他，因为我们根本离不开他，否则便会失去活力和生命。"

就人生而言，健康是最宝贵的资本。

我们都会使用电脑，也都知道电脑的各项强大功能，需要电和驱动的支持才能运作，而人体的各项机能也要求无限正能量的储备才能正常发挥。打个比方，一个笔记本电脑要使用的电压是110伏，它可以允许35%的上下浮动，即如果是70伏的电压，理论上笔记本电脑依旧可以继续使用；当外界的电压低于60伏时，不管这个电脑自身多么强大，其功能都没有办法使用了。人体也是如此！

不注意身体健康，也许在一定范围内还能勉强维持，但当体内的能量下降到一定水平的时候，人体的各项机能就不能够正常运作了：首先，是细胞开始萎缩，无法修补；其次，没有能量供应，再生能力也大打折扣；最后，自我治疗的能力开始丧失，自我康复的能力、抵抗力、免疫力也相应下降。

2009 年 6 月，美国流行音乐天王迈克尔·杰克逊走了，走得那样匆忙。几乎没有哪个璀璨明星能像他一样给中国人留下如此深刻的印象。那个年代的他，代表着开放、自由和对激情的呼唤。他用类似癫狂的舞姿和跃动的灵魂，让平凡的人们为之目瞪口呆。

他向人们展示了一种信念，那就是生命居然可以如此猖狂。可是回顾杰克逊患病的历程，也让我们无限欷歔。十余次面部整容手术及皮肤癌的困扰让昔日的“歌坛悍将”变成了“百病天王”，过早的透支生命，无疑会给生命提前画上休止符，人就是如此的脆弱。

故事说到这里，相信没有人再会否认健康的重要性了。可是生命旅程如此短暂，让很多人不愿意庸庸碌碌过完一生，为赌社会的一席之地，就抓住一切机会，甚至不惜燃烧自己的生命，可是往往却适得其反，让人再懊悔都来不及了。

让我们一起试着把目光从外界收回到自己身上吧。**在日常生活中用内心去观察爱护自己，跟自己在一起，把健康放在第一位。**这时，你也许会惊喜地发现自己的内在力量在逐渐地累积、增长。很多原本以为是浪费时间的锻炼和养生都发生了逆转，磨刀不误砍柴工的心理让自己更有勇气、更有信心的努力。

身体越健康，便越有活力、越有冲劲

健康的身体乃是灵魂的客厅，有病的身体则是灵魂的禁闭室。

——培根

世界上没有人会怀疑身体健康的重要性，健康高于一切，没有一个强健的身体，一切无从谈起。但当今社会，人们要追求的物质和精神方面的东西太多太多，当被问到什么最重要时，我们总会有千奇百怪的欲望凌驾于健康之上："他离开我了，我喝醉了才会好过一点""一家人等着我养活，我得赚好多好多钱""我有一个大梦想，不努力怎么行"……于是渐渐忘却了这些我们追求的东西都需要活力和冲劲去获得，而身体健康就是获取这一切的基本条件。社会进步了，我们的身体反而退步，再也跟不上发展的步伐，谈何追求呢？

微博上曾有一条关于"23岁女白领因胃溃疡去世"的消息广受关注：

> 这位23岁的女孩方言在2011年12月16日因急性胃溃疡导致失血性休克而去世。
>
> 在其微博中，可以看到在之前的生活中，她长期熬夜加班，并有在睡前洗头、晚上9点后进食等不良生活习惯，使得本来很轻微的小病，却夺取了花一般年纪的生命。

这则新闻为我们敲响了警钟：我们是否也因为自己年轻、身体强壮，有点小病不很在意，以为扛扛就过去，随便买点药应付，而不会去医院进行彻底的检查和治疗；同时因为年轻，工作上努力上进，经常加班，导致作息时间被打乱、生活的不规律，生物钟失调也不在乎……要么饿着不吃，要么暴饮暴食，对自己的身体很是忽略。

方言的逝去留给了我们很多类似的思考，我们需要思考拼搏的意义；需要思考当生命依附的健康受到其他需求危害之时，我们每个人是该让健康让路还是另辟蹊径；更应该思考**健康受到损害而让自我的生命无所依附之时，即便我们雄心壮志、才华横溢，又怎么身体力行。**

> 2009年6月5日清晨，央视《新闻联播》主持人罗京因病在北京逝世，终年48岁。他在中央电视台工作了整整23年，更因主持《新闻联播》而深受观众喜爱，被称为"国脸"。他热爱播音但也曾感叹《新闻联播》作为一档全国人民关注度最高的新闻直播节目，自己始终感到相当大的压力。

罗京自2008年9月被确诊患有淋巴瘤暂停工作入院接受治疗后，就再没能回到我们的视野。正值英年的他，原本还有很多机会继续工作在他热爱的岗位，可是工作的高压和生活的不规律最终化为无情的病魔，用仅仅9个月时间就夺走了他的生命，不得不令人扼腕叹息。

让我们一起试着回想一下这些事情：工作的半年时间看病打针过几次，和大学时期比较呢？当遭遇上下班高峰堵车，小跑几步有没有呼哧气喘？罗列出这些数据时我们会惊讶地发现，两年前还能在球场上轻松飞奔的我们，如今身体素质确实下降了不少；从前生病吃药就扛过去了，如今好像必须打点滴才行；曾经的运动健将现在好像还不如人家七八岁的小孩。而作为一个想要奋斗的人来说，身体健康才能更有活力、更有冲劲儿。

面对竞争日益激烈的现实社会，那些为了生活而努力打拼奔波却根本无暇顾及自己身体的人太多了，几乎都成为了人类独有的悲壮抗争和无奈的生存状态。要知道，**每个人都会受伤害，因为人生没有绝对的公平，压力很多时候无可避免，想要得到更多，就必须比别人承受得更多。可是能调配好自己的身体绝对是无上的智慧。同样的机会，身体好的人才能干得好，才能勇往直前。**

健康的身体是人生最为宝贵的财富，虽然它不能代替一切，却可以创造一切。充沛的生命力，可以让我们保持乐观，把每一个看似低的起点，当成通往更高峰的必经之路，抵抗各种疾病和难关，迎接一个又一个的挑战。

拥有健康的人，面对挫折，可以坚定地走下去，不至于跌跌撞撞，可以承受失败，才能享受成功。学识是个“0”，爱情是个“0”，财富是个“0”，地位是个“0”……而健康是个“1”，有健康才能够有1000、10000、100000……如果没有健康，没有了健康的体魄与饱满的精神，一切就都等于零。

只有具备了强健的体魄、健康的心理、健全的人格，才会有迎接挑战、战胜困难的勇气和力量。要创造人生辉煌、享受生活乐趣，就必须珍惜健康，学会健康生活。

记住，强壮体魄就是在强壮内在的能量

身体教育和知识教育之间必须保持平衡。体育应造就体格健壮的勇士，并且使健全的精神寓于健全的体格。

——柏拉图

时至今日，随着时代的发展和进步，信息与知识逐渐成为了我们生活的主旋律。在我们拼命地注重知识与素质修养的同时，更容易忽视最基本、最重要的东西——强健的体魄。要知道身体是革命的本钱，只有拥有健康的体魄，才能培养良好的心理素质，才能使我们更好地工作和学习，迎接各种困难和挑战。

中唐浪漫主义诗人李贺，凭借其大胆、诡异的想象力，构造出“黑云压城城欲摧，甲光向日金鳞开”这样波谲云诡、迷离惝恍的艺术境界，被人们称为“诗鬼”，甚至影响到李商隐、温庭筠、文天祥、曹雪芹等许多后世名家创作风格的形成。

可是，就是这样一位才华横溢的诗人，却一生体弱多病，又加之仕途失意，郁郁不得志，最终27岁而逝，空留满腔抱负。试想，若他能开阔心胸、重视运动，让自己的身体健康起来，那么不仅才华能更好地发挥，为中国的诗歌史增添更为耀眼的光辉；在政治上一展“拳脚”也未必不能。可是历史不能逆转，只能给我们留下无限启迪。

俄罗斯总统普京是一个不折不扣的运动爱好者，年轻时还曾多次在比赛上获奖，一度成为圣彼得堡的柔道和摔跤冠军。在当上总统后，不管多忙，每天也要抽出一个小时来运动。

由此可见，积极的体育锻炼对我们的日常生活和学习都有很大的帮助。运动之于生命，犹如根基之于树苗，若是连根基都不能稳固，更何谈日后的茁壮成长。无数事例都向我们证明了，**运动锻炼对强健体魄作用巨大，它能够调节情绪，增进身心健康，治疗身心疾病，储存无限的内在能量**。而锻炼的具体方法有很多，相关专家指出，不同的人群应选择不同的运动方式。

运动的形式、强度、持续时间和频率都需要根据参加活动者的体质、健康状况以及目的性具体确定，并严格遵循。比如说，想要减肥的人就应该在调整饮食结构的前提下，选择跑步、羽毛球等有氧训练；若是为了健身，行走、上下楼梯、跑台阶等运动都很合适。

对于我们普通人来说，最简单的方法就是在家伸展手脚，尽量放松，来增强身体的协调性；抽空与家人、朋友一起到户外运动一下，去爬爬山或在广场上比画比画健身器材，培养思维反应能力的同时也能加强互动、增进友谊。而运动想取得成效在于坚持，最好将锻炼作为生活中的一部分，每天锻炼半小时，实在忙每周也不应少于3次。

除此之外，饮食和作息也是造就强健体魄的重要因素，我们应在细节中加以调节。尽量在晚上11点前休息，保证充足睡眠。不要因为工作忙没有时间吃饭而饥一顿饱一顿，或者是暴饮暴食，要有意识地纠正自己不良的饮食习惯，吃饭时间要规律，饭菜定量，不喜欢吃的食物也要吃一点，以确保每天身体所需的营养。

不管追求怎样的生活方式，都应该把健康放在第一位，让我们一起牢记健康的重要，把锻炼当作不变的生活主题，作为一种时尚去追求和拥有吧。

调整自我身心健康的简单法则

有规律的生活原是健康与长寿的秘诀。

——巴尔扎克

健康是人类生存、发展过程中极为重要的内容。对社会的变革，文化的更新，生活方式的改变，都起着决定性的作用。那么，怎么样才算健康呢？也许有的人会说“吃得下睡得着就很健康”，有的人会说“健康就是身体好”……其实这些观点都是不对的。

1948 年世界卫生组织明确规定：健康不仅是身体没有疾病，而且应当重视心理健康，只有身心健康、体魄健全，才是完整的健康，其中包括八大标准：身体健康的“五快”和精神健康的“三良”，即快食，三餐吃起来有滋有味；快眠，睡得舒畅，一觉到天亮；快便，能顺利快速排泄大小便；快语，说话流利、头脑清楚、能表达准确；快行：行动自如，动作流畅，以及拥有良好的个性、处世技巧、人际关系。由此可见，**心理健康是人类健康不可分割的重要部分，一个人只拥有健康的体魄是不行的，真正的健康需要生理和心理两方面都达到要求。**

那么怎样才能调整自我，保持健康的身心呢？

1. 树立明确的目标

人的时间、精力是一定的，要想在有限的时间里最大限度地求得发展，必须树立明确的目标。目标是指路的灯塔，是奋斗的鲜明旗帜。一个人如果没有生活的目标，只能在人生的征途上徘徊，因生活的琐碎平庸而滋生各种有害健康的恶习。

有一则寓言故事形象地为我们描绘了人生的反面例子：

白头翁听到百灵鸟唱歌婉转动人，便羡慕地飞去拜百灵鸟为师学唱歌，才学了两三天它就吃不消了；它又看见喜鹊阿姨在电线上盖房子，就跑去学习盖房子，可是到很远的地方叼树枝实在太累了，不出十天它就抛下将要盖好的窝飞走了；它又跟老鹰学飞行，因为太过单调枯燥而气馁了；后来它又跟猫头鹰学打猎，昼伏夜出，既看不见美丽的景色又要一动不动地侧耳倾听猎物的动静，它学了几天就烦了……

白头翁干什么都半途而废，老了、头发都白了还是一事无成。这个故事深刻地揭示了，没有一个固定的人生目标，想要成功几乎是不可能的。

无数的事实证明，能够在这个世界上获得成功，健康快乐生存的人，都是“咬定青山不放松”，专注于一种事物的，由于有了明确的追求目标，他们的生活规律充实而富有斗志，可以积极乐观地面对各种不良情绪和外界的干扰，总是精力充沛，生机勃勃。

2. 宽以待人，寻找身心的平衡点

明确目标、追求成功的同时，与人携手共进、遇事放宽心态，是使人保持年轻、快乐心态的“添加剂”。《心灵导师之情绪管理》一书也指出：付出，让你更健康。人生在世难免遇到不如意，而爱和压力一样具有累积效果，如果我们在平时能“囤积”足够的正面情感，就能更安全稳妥地渡过逆境，重新获得信心和勇气。

之前一段时间里，冥想——这种被称为放松与健康的艺术在人群中很流行。顾名思义，冥想，即为自己创造一个宁静的空间去进行思考，感知一个美好的世界，将自己沉浸在抛开万物的真空状态，找到心灵和身体的平衡点，树立良好的心态。当我们能够把这种宁静的心态形成习惯，带到工作生活中，那么一定是快乐的、从容不迫的，对身体健康自然有所帮助。

3. 坚持自己

每一个人都是独特的存在，都有自己的生活，它代表着一辈子，而不是一天、一小时。也许我们都曾觉得自己凡事不如人，于是试着像别人一样活着，结果反而无所适从。

静下心来想，其实星星永远是星星，不会成为月亮或太阳，却也不失为一种光亮。各人头顶一片天，别人行的，我们不一定行；同样的，我们行的，别人也未必做得到。任何时候去和别人比较都是看不起自己的一种行为。

不要太过在乎他人的目光和言语，我们能做的就是与众不同，走自己认为最值得的、最有价值的路。别人是我们眼中的风景，同样我们可能亦是别人眼中的风景。

让我们试着不为昨天而流泪、叹息，只为今天过得更加美好而奋斗，舒心地面对生活吧。

第十六章

你的人生跟你接触的每一个人息息相关

引　爆　内　在　无　比　能　量

生命即关系，你人生的成就在于与他人的互动

世间最美好的东西，莫过于有几个头脑和心地都很正直的严正的朋友。

——爱因斯坦

每一个人从呱呱坠地起，一生中几乎所有的时光都是在与其他人的密切交往中度过的，而且这种交往不只局限在其狭窄的家庭成员之间，小时候游戏的伙伴，四五岁步入幼儿园，接着小学到大学、工作，朋友圈、生活圈、工作圈……我们生命的大部分时间都是生活在各种各样的圈子（或称之为群体）中。

人会在逐渐长大中，泯灭很多天性。小孩子是最真实的，所以每一个人童年时都渴望与同龄，或稍大于自己的伙伴交往，也许云集游戏在一起时常常会有矛盾和争吵的出现，但正是这些现象的历练，使他们在家庭中形成的胆小如鼠或唯我独尊性格之外，学会了实现自我与关心他人。

十个小姑娘一起玩《白雪公主》的角色扮演时，人人都想做白雪公主，而不愿意当坏皇后、小矮人或者别的谁，原因无外乎“主角”“配角”的简单，接着发展成争吵。

在这个过程中不善言辞的孩子渐渐学会据理力争，而任性、霸道的孩子也知道了收敛，坚持下去游戏始终无法继续。她们最终妥协达成协议，懂得互让，轮流尝试各种角色。

这种儿童之间平常的人际互动，就这样轻易地使孩子掌握了互惠的原则，懂得社会规范的道理，并增强自信与自我表达能力，促进他们健康人格的形成和完善。

见微知著，人际互动这种普遍的社会心理现象就在人们的交往活动中，潜移默化的彼此影响着。对待自高自大的人，很多时候我们的行为也会发生自尊倾向，表示自己并不落后；相反，如果对方谦让、友好，我们也总是“投桃报李”的有所表示。人似乎会根据对方的态度和行为特点而采取某种相应的对策。

心理学家格京早年做了这样一个试验：

选择十个人作为被测试人，在开始时按要求作自我介绍，描绘并评价自己是怎样的一个人，有什么特点，然后记下来作为原始基础。接下来的一个月时间里，分别安排这十个人与同一个人 A 逐个交谈，其中 5 个被测试人谈话时，故意表现出自高自大，夸自己的优点，是批次 1；但与另外 5 个被测试人谈话时，又故意表现得十分谦虚，常谈到自己的弱点、不足，这是批次 2。

试验结果显示，在谈话过后，当被试者在 A 面前重新做自我介绍时，批次 1 中听自夸介绍的五个人在很大程度上受了交谈的影响，在自我介绍中多了许多优点；而批次 2 中听自我介绍的五个被试者在其自我介绍中多了许多弱点，与他们一个月前的自我介绍有了明显的不同。试验中的十个人都很大程度上受了交谈的影响。

与他人的互动是生命的一种客观和必然，许多事实和研究都表明：**人类之所以能够在这个世界生存 80 万年，并成为主宰者，使地球文明日新月异地发展，很大程度上就是因为人类的群居性或者称之为群集性，**在群体中和其他人彼此相处，并相互产生着深刻的影响，相互发展。由此可见，生命即是关系，建立一种和谐的人际关系，对于我们的事业和生活都会有巨大的帮助，人生的许多成就都在与他人的互动中取得。

而成就的大小则取决于我们能否中止消极的互动，形成积极的互动。心理学家考尔曼曾经说过："要达成相互理解往往需要几十年，而达成相互谅解则往往只要一秒钟，一个小小的细节。"所以，当你与别人产生不必要的矛盾时，是采取相应的"互动"讨回"公道"，还是中断这种互动呢？如果采取与对方相应的互动，矛盾很可能升级；而你中止这种消极的互动，在适当的时候，采取一些友好的表示，都可能立即中断消极互动的"链条"，扭转局势，变消极为积极。在这方面，有时候甚至只要一个会意的微笑或是眼神就足够了。

不要因为孩子打闹会"很麻烦"而不带他到广场上去，不要因为"长得不够美丽"而关闭了心中的那扇窗。即使我们笨嘴拙舌，讲不好一个笑话，但那又怎样呢？在我们人生的大道上，肯定会遇到许许多多的困难。也许与人交往就是其中一项，也许是让我们不太自在的"石子"，绝不会是绊脚的那颗，更多时候，它都是为我们的前进铺平道路。

人际关系，阻碍我们大多数人发展的硬性伤

为别人尽最大的力量，最后就是为自己尽最大的力量。

——罗斯金

当今社会中，我们每时每刻都生活在陌生人的圈子里，高楼大厦的混凝土"森林"常常淡化了邻里、同事关系，打破了"人际相处的生态关系"，给温情脉脉的人际交往代之以法权和功利的界限，使得我们"天生"不会与人相处了。本来不想孤独，但这却成了人生的无奈，最后还反作用到我们身上，成为大多数人发展的硬伤。

在新泽西，有一家美国著名汽车制造公司——福特的分工厂，因产量高而颇负盛名。谁都不会想到这里曾因管理混乱，而处于倒闭的

边缘：经济低迷导致工厂景象凄凉，工人们的工作热情大减，为了完成生产任务，工厂领导只好将大家的聚餐和共同娱乐时间压缩到最少。

偌大的厂房里，一道道流水线本来就如同层层屏障隔断了工人们之间的直接交流；机器的轰鸣声，试车线上滚动轴发出的噪声更使人们关于工作的信息的沟通难以传递；所有的一切，使得员工们彼此交往、谈心的机会变得少之又少，人际关系的冷漠使人们本就很坏的心情雪上加霜，于是口角不断、争议增多，工厂被破罐子破摔，情势每况愈下。

这时总公司派来了一位很能干的人物，他到任后的第三天，就敏锐地明白了这些问题的症结所在。为了给大家一个互相沟通了解的机会，使企业内的人际关系有所改善，建立信任的空间，新任领导果断地决定以后员工的午餐费由厂里负担，每天中午更在食堂角落架起了烤肉架，亲自免费为每位员工烤肉，希望所有的人都能留下聚餐，共渡难关。

在员工看来，这些现象表明工厂可能到了最后关头，所以餐桌上谈论的话题也都是关于工作中遇到的问题。对厂子未来的走向，大家更是主动献计献策，寻求最佳的解决途径。

那段日子里，新经理冒着成本增加的危险拯救企业不良的人际关系，使所有的成员又都回到了一个和谐的氛围中，虽然颇具风险，可是一番苦心并没有白费：机器的噪声依旧，却已经挡不住工人内心深处的交流了。大家都准备大干一番，心甘情愿地努力工作。两个月后，企业的业绩回转，5 个月后，更是奇迹般的开始赢利了。随着时间的推移，这个习惯被保留下来：午餐欢聚一堂，由经理亲自派送烤肉。

有人说“成功 = 30% 的知识 + 70% 的人脉”；更有人说“人际关系与

人力技能才是真正的第一生产力”。**人的生命永远不能孤立存在，我们和世间一切都会发生关联，而其中最主要的，就是人际关系。**

人与人之间关系的好坏，对我们日常的学习、生活以及事业发展都有很重要的影响。人际关系良好了，个人的发展才会更好，竞争的过程，其实从某种角度上说就是人际关系的角逐。

试想一下：如果有两个人在出售相同的东西，同样的品质与品牌，又是同样的价格、同样的服务，你会选择买谁的呢？相信一般人都会说，当然是买其中与自己关系好的人的了。从这一点就可以看出，人际关系很多时候几乎占了成功因素的70%以上，只有注重自己的人际关系的培养，才能无限的接近成功。

《富爸爸　穷爸爸》的作者罗伯特·清崎曾说：“我富有的父亲这样告诉我，如果你想要成功，人际关系是你最重要的技巧，你应该不懈地学习和提高自己的人际关系技巧。”由此可见，任何人想要取得成功，都应该了解并灵活处理好人际关系这一重要考题，不管集体还是个人，都需要人与人之间信息与情感的和谐传递。

良好的人际关系是舒心工作与安心生活的必要条件。权威组织公布的分析统计结果表明，80%的人遭遇失败都不是因为他的能力技术、专业知识等原因，而是因为人际关系处理和人力技能上的失败。良好的人际关系可以使人们在发展上占据主动，左右逢源。从某种意义上说，一种强大的人际关系更反映了一个人的能力、素质、人格品德和资源优势。

随着市场和人才两方面竞争的激烈化，社会大环境错综复杂，每个人都明白处世之难，也同时渴望圆满，自我意识逐步增强。但圆满的人生不是只局限于个人的独立，还须维系人与人之间的情谊，得到别人的认可与尊重，追求人际关系的成功。让我们一起调整自己的坐标，把人际关系这一人生路上的绊脚石变为成功的加速器吧。

和谐人际关系的法则，放下自我，融入到对方之中

你用什么量器给别人，别人也必会用什么量器给你。

——《圣经》

现在很多人在成长的过程中受到家庭的过多溺爱，容易形成强烈自我的个性。对自己的肯定度大于对别人的。思维方式上容易局限于自己所习惯运用的模式，希望周围的人或事按照他的方式运作相处；说话办事方面，太注重或执着于自己的观点，而忽略别人的感受。要知道这个世界是多元化的，是丰富多彩的，它包含了多种认知方式。总是自以为是，发展下去容易刺伤他人的自尊心，使别人对你敬而远之。

很久很久以前，小溪流从遥远的高山流来，一路上经过了许多的村庄和森林，滋润了很多草木与动物，它欢快地“奔跑”着，直到被一片沙漠挡住了去路。它想，我经历过那么多的阻碍，这次一定也没有问题的。可是当它真的踏入沙漠时，才发现每走一步，身体的水分就会消失一点，次次尝试，总是徒劳无功。它伤心地哭泣道：“也许这就是我的命运吧，我永远也到达不了传说中那个浩瀚的大海了。”

这时，四周响起沙漠低沉的声音：“微风可以跨越我，你可以和它学习学习。”小溪流灰心丧气地回答说：“微风是有翅膀可以飞过去，可是我却什么都没有，怎么学呢？”

沙漠摇摆一下身体，指着被微风卷起的沙粒说：“我的孩子们想去远方，都是微风帮忙的。条件是他们必须放下自己原来的样子，你如果坚持现在的状态，自然永远无法跨越，可是如果你肯让自己蒸发到微风中，他就可以带你飞过去，到达你想去的地方。”

小溪流从来不知道有这样的事情：“蒸发到微风中？那我不就消

失了吗？这太恐怖了。”小河流无法接受这样的概念，叫它放弃自己现在的样子，那么不等于是自我毁灭吗？

“那我到达目的地又有什么用呢？”小溪流这么问。“微风会把你作为水汽包含在它之中，飘过沙漠，到了适当的地点和温度时，它就会把这些分子变成雨水，重新释放出来。雨水又会形成溪流，还可以继续向前。”沙漠耐心地解答。

“那我还是原来的河流吗？”小河流问。“可以说是，也可以说不是。”沙漠回答，“不管你是一条溪流或是看不见的水蒸气，内在的本质从来没有改变。你会叫自己溪流，只是因为你从来没有真正的认识自己。”

听到这里，小溪流隐隐约约地想起来了，在自己变成溪流之前，似乎就是微风带着自己飞来飞去，身体越长越大，然后到达那座内陆高山的半山腰，变成雨水倾泻而下，才变成今天的样子。于是小溪流不再害怕了，它鼓起勇气，投入微风张开的双臂，消失在其中，朝着自己生命中的梦想奔去。

我们的生命历程也如同故事中的小溪流一样，会遇到重重的困难，想要达到自己想要的成就，**很多时候必须拥有放下自我、改变自我，融入到“微风”中的智慧和勇气**。也许你会有和小溪流一样的困扰，放下自我，那我还是我吗？

“放下”是要把握度的，太过否定自己，容易矫枉过正，失去主见，成为一个没有信心的人。可是一味坚持自我，就会被困在狭窄的境地，永远感受不到天远地宽。

其实，“自我”的概念源于佛法，它是一个念头连着一个念头，是我们的存在感。可是我们昨天和今天的想法都不一定完全相同，可见人的思想时刻都在变动，所以该不该放下“自我”，能否放下“自我”，取决于每个人怎么看待这个概念。

总抱持着自己的权威和被敬仰的态度，在人群中格格不入，如果碰巧这个人很有能力，周围的人会和他保持距离；如果这个人知识不是那么丰富，别人会觉得他很肤浅，也不乐于深交。

在人际交往中，要保持一种平和的心态。要知道任何事都是时刻变动的，人与人的角色也在不断转换。所以日常生活中，我们应积极主动地与人接触交流、沟通。正确看待每个人身上的长处和不足，取他人之长补自己之短，要学会感恩、宽容、包容的待人接物，这其中包括你讨厌的人和事，甚至是竞争对手。

只有开阔视野，真正的放开心胸去融入世界，关怀他人，我们自身才会不断地成长、壮大。禅语曰：能够了悟万法无常是智慧，能够运用无常的万法自利利人是有福。人的改变不是一朝一夕的，让我们一起用心体会生命的真谛吧！

你必须要认识并改变自我的一些坏习惯

在克服恶习上，迟做总比不做强。

——利德益特

很多人常常不能看清并且不知道如何驾驭自己的坏习惯。**但凡是获得成功或幸福快乐的人都是能够认识自我，改正缺点的人。**

三国时期，华夏大地呈现一片豪杰群立、英雄辈出的局面。这段历史在《三国演义》的作者罗贯中手中，更是妙笔生花地塑造了一大批或纵横沙场，或斩将夺关，或运筹帷幄、决胜千里，或明修栈道、暗度陈仓的军师将帅，他们都立下了赫赫战功。

在作者的描写中，也不乏壮志未酬身先死的故事，强如孙坚孙策父子，智如郭嘉庞统。他们或战死沙场，或病死军中，或慷慨就义，或宁死不屈，但在这其中两位名将的死亡让人觉得格外委屈：张翼德当阳挡曹军、取西川、宕渠大胜，却因生活中脾气暴躁爱打手下“暴而无恩”，最终被其麾下将领张达、范强谋杀；云长千里走单骑，却刚愎自用，大意失荆州，害了自己，这些生活中只能称之为小毛病的行为做法，却使得“将星坠地”功败垂成，让古今中外的无数读者为之落泪叹息。

我们存在于世上，都是独立的自我，都有着自己特有的闪光点和不足。《伊索寓言》说，每个人身上都有两个口袋，前面的一个装着自己的优点，后面的一个装着自己的缺点。所以每个人都只能看到自己的优点而看不见自己的缺点。每个人都长了嘴，又都长在自己身上，所以出了什么事情都会为自己辩护脱罪。

法国后印象派画家保罗·高更的一幅传世佳作《我们从哪里来？我们是谁？我们到哪里去?》告诉我们，认识自己从人类诞生之日就开始了。在漫长的远古时代，原始人类没有镜子，只能用“土”办法看到自己，在平静而清澈的水面上观看倒影，占卜观星，正衣冠，问前程。后来随着冶炼技术的发展有了铜镜，最后有了现在使用的镜子，我们始终都渴望认识自己，想知道自身的优缺点，以及这些特征会给我们带来些什么。

哲学家说：“世界上最难认识的是什么？其实就是人本身。”关于人自身有太多的谜团，而作为平常人的我们，关键是要认识并利用自我的一些习惯。因为它具有十分强大的力量。

当我们经常做一件事，就会形成习惯，之后这种力量就变得难以抗拒了。可是我们能养成一种习惯，就要相信自己有能力改掉它，关键是要有毅力和恒心。

古人说“君子一日三省吾身”，我们不谈次数，只要能够及时认识自身的坏习惯就好，不要抗拒别人的批评，了解坏习惯形成的原因，对症下药。

"播种行为，收获习惯；播种习惯，收获性格；播种性格，收获命运。"确实，好习惯是走向成功的钥匙，而坏习惯则是通向失败的大门。养成良好的习惯是独立于社会的基础，并将直接影响我们的一生。

引爆内在无比能量的人际关系法则——亲昵法则

人之相知，贵在知心。

——李陵

任何人的成绩发展、心理调节、信息沟通以及各种不同需求的满足、人际关系的协调，都离不开人际交往。每个人都希望自己是善于与人交往的，都希望通过交往建立起和睦的家庭、亲属关系，邻里、朋友关系，同学、同事关系……而这些良好的社会关系可以使个人在温馨宜人的环境中愉快地学习、生活和工作。但在实际的交往过程中，却总是有这样那样的原因使得交往不能正常进行，让人不能如意。

从前有两个钓鱼高手，他们本身差不多，性格却一点不相同：一个孤僻而不爱答理别人，喜欢单享独钓之乐；另一个热心、豪放、爱交朋友。

一天他们一起在湖边垂钓。两人各凭本事，一展身手，不一会儿就都大有收获。这时，湖边来了十几名观光游客，看到这两位高手轻轻松松就把鱼钓上来，很是羡慕。于是都到附近的渔具店买来了钓竿，打算试试自己的运气。

不过这些游客都不擅此道，不管怎么做也钓不到鱼。爱交朋友的那个高手看到游客们毫无收获，就说："这样吧，我来教你们钓鱼的诀窍。如果你们学会了，可以钓到一大堆鱼，那么每钓十条就要分给我一条，当然如果不满十条就不必给我。"

游客们欣然同意，于是一拍即合。热心高手教完这群人，又教另一群，忙得不可开交，几乎所有时间都用于指导游客垂钓了，可是一天下来他居然收获了满满一大篓鱼，还认识了一大群新朋友，左一声“老师”右一声“老师”的请教着，他在人群中备受尊崇。而反观同来的另一位高手，闷钓一整天，不仅没享受到与游客交流的乐趣，显得孤单落寞，连竹篓里收获的鱼也远没有同伴多。

由此可知，当我们可以亲近他人，帮助别人取得成功时，得到的又岂止是与付出等价呢？助人为乐的成就感、丰厚的回馈，更引爆了我们自身无比的能量。

有的人朋友不多，敌人却不少，经常因为人际关系不畅而焦头烂额，也常常抱怨这个社会太过复杂，觉得世事艰险、人心难测。但实际上，这些人之所以觉得事事难随己愿，之所以难以有所成就，不是世界不对，而是他们自己有问题。自己都不对，世界怎么可能对呢？世界是互动的，作用力等于反作用力。你施予亲切，才会得到他人同等的亲切，从而得到比你付出更多的回报。

在一些社会调查中，很多人常常会反映这样的问题：“我不知道怎么让人喜欢我”或者“我不会与人接触”，还有“我很恐惧与人交往”等，甚至有人会说：“我感觉不到相处的快乐。”

的确，在当今社会有很大一部分人困扰于这些问题：和周围的同学、同事相处了好多年，关系却不愠不火，始终一般；不管做什么事都是一个人，跟谁都亲近不起来，看着其他的人一起去吃饭，结伴去逛街，上个厕所都有伙伴；别人不主动结伴的话，就不知道怎么跟人亲近；也许也有过好朋友，但很少联系了，几年下来也淡了……等意识到周围连个玩到一起的朋友都没有时，才感觉到没有人可以听听自己的心里话是多么孤独。看着周围人拉帮结派的闺蜜、兄弟，自己却好像一颗天煞孤星。

结果表明，这些在人际交往中不太受人欢迎的人，本身给他人的印象，也多是不好亲近、性格冷淡不爱说话的。而那些在人群中广受好评，看起来颇有“人缘”的人，通常都表现得比较友善。

人生在世，坚持亲昵法则，与人为善，往往能使自己获得无穷的能量！

第十七章

能量有多大，皆在你自己

引 爆 内 在 无 比 能 量

告诉自己：我到底希望怎么样

强烈的希望，比任何一种已实现的快乐，对人生具有更大的激奋作用。

——尼采

许多人都不知道到底希望自己怎么样，是自由的生活、充裕的金钱、不枉此生的爱情，还是体现价值的工作……很多人为了让别人满意，把自己弄得面目全非，你喜欢美术，妈妈却让你弹琴；你想拥有一辆车，可是妻子却盘算着换房子；有钱可以去旅游时，却怕被人说奢侈。就这样，你选择了“适当”爱好，做了“他人期待”的工作。

没有了什么人生目的，静如止水的日复一日，年复一年的生活。没有太多的变化，一样的重复过去，吃睡睡吃，没有大喜大悲，没有增加知识，没有为目标付出，如果没有那个日历本，或许今夕是何时都不记得了。

人们似乎都把时间遗忘了，去年的此时像是昨天刚发生的事，昨天发生的事却要仔细想想才有可能想出自己到底做了什么，就这样后知后觉、平平淡淡地任时光飞逝。直到年老体衰，躺在病榻上才如梦方醒：我不知道我到底是谁，我只知道我再也不想扮演我现在的角色了。

快节奏的生活和思维模式让很多人来不及思考未来，错误地认为忙碌就是成就，干活本身就是成功。盲目的做出不符合自身的选择，结果“一步错、步步错”。比如，大学毕业选择工作时抱持“骑驴找马”的态度随意入行，觉得反正不可能一辈子从事这一份工作，又不是不能转行的，却忽视了并不是每个人都有极强的纠错能力和条件。

不明白自己希望怎么样，认为什么都不可预期地走一步看一步，或者总是无欲无求，秉持难得糊涂、知足常乐的心态懒散地得过且过，只会如同行尸走肉般的消耗着时间，逐渐丧失生活的乐趣和对理想的热情。

暂时没有找到想做的事，觉得没有认清自己，这是我们都有过的迷茫。那么不妨聆听自己的心声，重新找回自己的热情。利用闲暇时间到图书馆去，从这一端踱步到另一端，仔细浏览每一层书架，寻找吸引自己的书籍。尝试新的事物，作画、练字、写作……也许十件事中，九件不能引起你的兴趣，但恰恰第十件就会为自己开启一个全新的世界。如果这十件都不对胃口，那么就再尝试另外十件。

不要觉得没有时间探寻自己，弗雷德说："'我哪有时间'那等于是说'我迷路了，因为时间来不及，没空看地图'。"在这个社会上，盲目的"一分耕耘，一分收获"的神话并不存在，只有腾出时间明确自己希望怎么样，树立目标，才能追求到自己人生的高收益而事半功倍。

现实类型的人，可以从罗列规划做起，试着规划未来三天，进而规划三个月以及未来三年，想做什么并不代表能做到什么，但可以明白自己缺少了什么，该学些什么；偏理想主义又有时间的人，不妨尝试着走出现在的生活圈，做一名"驴友"多走走多看看，去接触其他地方的风土人情，在旅途中经历各种意想不到的事情。

找出最接近自己理想的事，把那儿作为起点，那么哪里是起点呢？生活是如此的五彩斑斓，也许你希望自己活的优雅些，也许你希望生活更加的灿烂，也许你希望自己的宝贝健康成长，家人更加快乐。那么和自己对话吧，告诉自己：我到底希望怎么样！

你有什么样的人生目标就具有何种程度的能量

人生的真正欢乐是致力于一个自己认为是伟大的目标。

——萧伯纳

很多人在遭遇失败时经常会说：“我的问题就在于没有目标。”其实，说这话只能说明这些人不了解目标的真正意义。人，生来就知道趋吉避凶，拥有追求快乐减少痛苦的本性，思维所及就是一种目标。所谓没有的言论，只是因为目标太多不知哪个更为重要或者选择的目标并没有促使我们拿出行动，去追求高素质的人生。人生的不同，只区别于拥有什么样的目标。

在很久以前，有三只平凡的小鸟，它们商量着出去寻找美好，于是挥别父母飞向远方。它们停留在一个小村庄，这里有小鸡、小鸭和老牛，还有肉乎乎的青虫子。站在树枝上第一只小鸟说：“哇，这里多好啊，有伙伴也有食物。朋友们，你们飞吧，我在这里就满足了。”于是它成了麻雀。

另外两只鸟继续飞，又到了云朵上，这里能望到村庄和城市，还能看到小河哗啦啦地流淌，第二只小鸟被眼前的景色迷住，也不再前飞，做了云层中的大雁。

第三只鸟虽然也很累，可是想到之前的两个地方一个比一个美丽，再往上肯定还有更漂亮的地方，于是坚持飞翔，用尽全身的力量掠过高山，越过海洋，终于无限接近太阳，到达了最高处，成了搏击长空的雄鹰。

小鸟们因为不同的目标，对飞行与否有了不同的坚持。

哈佛大学此前也曾进行过一项类似的跟踪调查：

以一群智力、学历、环境等条件都差不多的年轻人为调查对象，以目标对人生的影响为主题，最终的对比结果显示：他们中3%拥有清晰且长期目标的人，奋斗的过程中可以朝着同一个方向不懈地努力，从未改变过最初的愿望，25年后的他们几乎都成了社会各界的顶尖人士，其中不乏创业者、成功精英和行业领袖；10%的人有清晰的短期目标，他们不断完成预定的短期计划，并做出调整，生活状态步步上升，25 年后，这些人大多生活在社会的中上层，成为了各行各业不可或缺的专业人士，如律师、医生、工程师、高级主管；87% 目标模糊的人，只能勉强安稳地生活工作，甚至差一点的会经常失业，需要靠社会救济过活，总是在抱怨他人，埋怨社会不公，25 年后这些人几乎都生活在社会的底层，依然没有特别的成绩，生活过得很不如意。

这项历时长久的实验为我们证明了不同目标带来的不一样的导向作用。那么，目标究竟是什么呢？

也许正如《向左走向右走》的故事：

年少的男女主人因为某种巧合相遇而没能相识，长大后，同在一座城市一所公寓比邻而居却因为习惯的方向不同而不停错过，直到地震发生，废墟中奇妙的事情发生了，原来他们之间只是那么一堵墙的距离。

其实，仔细想想，这种行为习惯都是因为有了目的地而在潜意识中形成的不得不为之的举动。比如，每天忙碌工作的人们出门右拐坐公车，忙碌的主妇惯性地走向左边的菜市场，因为目标而错过直走才能见到的小花园。这也是潜意识散发出的能量使然。

目标是成功的方向，就如阳光和水之于生命，它们的充足与否，代表着我们生存质量的高低，奋斗目标的不同，也预示着这个人是“重在参与”还是“志在夺冠”。“没有方向的船，永远没有彼岸”，当我们希望获得一个满意的人生时，就一定要给自己合适的方向，积蓄足够的能量。

明确人生目标的方法——需求分析法

> 每走一步都走向一个终于要达到的目标，这并不够，应该每下就是一个目标，每一步都自有价值。
>
> ——歌德

人生中总需要制定各种各样、有小有大、纷繁复杂的目标。可是规划的目标太高，显得好高骛远，增加了理想和现实的差距，最终难免因为不切实际而无法实现，徒增痛苦；而对自己的要求偏低，又过于谦虚，不能很好地发挥目标的激励作用。为此许多人感到迷茫，不知道如何选择适合自己的明确目标，只能多方求助。

对于如何明确人生目标，我们不妨先来看一个故事：

很久以前，村庄里住着猎人一家，初春的一天他带领三个儿子出去打猎。到达山上后，展现在他们眼前的是一片美景：湛蓝的天空上点缀着几朵白云，微风轻拂过白杨树，叶子沙沙作响，不时有鸟啼穿插其间，远处还能看到蹦跳的野兔。

父亲停下脚步，决心考考三个儿子："来和我说一说你们眼中看到些什么吧。"大儿子首先作答："我看到爸爸、两个弟弟、猎枪、大树、鸟和兔子。"父亲摇摇头说："不对。"

二儿子接着回答："爸爸，我看到的是猎枪、大树和野鸟、野兔。"父亲还是摇摇头，不甚满意的样子。这时三儿子目不转睛地盯着前方说："我只看到了猎物。"父亲这才笑起来："答对了。"

诚然，如果只是单纯的景色描述，本没有对错之分。可是父亲问题的关键在于他们的身份——作为猎人，目标就是打猎，眼睛看到的自然应该是相对其需求而言的猎物。由此我们也可以得知，分析自身需求，是明确目标的最好方式。当我们不知道自己要什么的时候，自然不知道如何去获得。

有人曾做过一个实验：

> 组织三个人往指定目的地前行，第一个没有限制，所以轻易走到了终点；第二个也没有限制，可是要背对终点，他小心地走，撞了几次终于歪歪扭扭也算到达；第三个则戴上眼罩限制视力，需要在黑暗中走到指定地点，于是他小心地摸索，在无人带领的情况下不一会就走偏了，没有完成任务。

这就告诉我们，在错误的方向上，即使无数次摔倒受伤也不一定会接近梦想。

一个人小学时候的梦想可能只是考试得100分；初中就变成了考上重点高中；高中就是为了考大学，苦读三年，如愿进入理想学府，接下来呢？周而复始还是一片迷茫。很多时候人们觉得目标不同，需求却是基本相同的。可是达到目标时，却又不禁要问，这就是我要的吗？原因就是他们从未真正了解自己所需，也不知道如何达到理想，只一味追求环境塑造出来的目标。因此，只有了解自己的需求，才能激发潜力；了解自己的实力，才能真正地向前迈进。

“软件工程”中的一个术语就叫做“需求分析”，即对要解决的问题进行详细的分析，弄清楚问题的要求，包括需要输入什么数据，要得到什么结果，最后应输出什么。

这个方法同样适用于人类，包括三个环节：

1. 分析现状，综合理性的评价自己目前所处的状况

明确自己当前的知识、技能、能力水平，比如我这次发挥正常的情况下数学成绩是年级第五十一名，短时间内补习、开夜车都很难一下子跃居排名榜首，那么我一周以后的月考要当第一的这个目标就是不合理的。

2. 分析理想的知识、能力类型，勇敢梦想，挖掘思维

不妨准备一支笔和一张纸，为自己编织一个美梦，动手写下需求，这其中可以包括一切想做的事、想体验的过程、想成为的人以及想拥有的东西，尽量写，先不要去管这些梦想该用什么方式去达成。

3. 对理想和现实的各方面水平进行对比分析

确认实际与理想之间的差距，明确目标与方向。知道何时达成的才叫目标，不知道的只能叫梦想。审视所写的心愿，排列它们的重要性和对能否实现的把握程度，为它们的实现加上一个时限，再按照依次递增的排序，写明具体实现方式。这样不仅有利于找出解决问题的方法，还能进行前瞻预测分析，估算实施成本。花上这一小段时间了解自己内心的渴求，同时也制定了一步步的实施方式，明确了各个时段的人生目标，何乐而不为。

要知道在这个世界上从来没有做不到的事，只有想不到的事。分析需求，明确自己的人生目标，下定决心去做所能想到的一切事，就总会有能得到的一天。

强化目标意识，尽心尽力做好每一件事

不劳苦，无所得。

——富兰克林

在茫茫人生的“海洋”中航行，目标无疑是照亮迷途的灯塔和前进的航向标，是我们能够抵达成功彼岸不竭的动力与源泉。目标可以促使一个平凡的人走向成功，甚至抵达卓越巅峰。它能教会人明白该做什么事、怎么去做，从而避免为人处世的盲目性与无序性。

俗话说“不想当将军的士兵不是好士兵”，一个人将来想获得什么样的成就，很大程度上取决于他现在有什么样的目标。可是，如何才能实现目标呢？**先要从一点一滴的事做起，细节小事能决定成败。**就像周恩来总理一贯坚持的原则“关照小事，成就大事”。他在位居总理之职时也以身作则并同样要求身边的人：

美国总统尼克松访华前，周总理特意指示军乐队练习演奏尼克松 1969 年为自己的总统就职典礼挑选的曲子。当人民大会堂的欢迎宴上奏起的这曲《美丽的阿加利亚》，周总理用点燃茅台的表演彻底迷住了尼克松，并在蓝色跳动的火焰中，举杯说道：“为你的下一次就职干杯。”

电视摄像机拍下了这历史的一刻，并向全世界播出。《华盛顿邮报》这样评论：周恩来就这样把美国人的心征服住了。紧接着中国政府又将一对大熊猫“兴兴”和“玲玲”送给美国，拉近中美距离，为建交进一步铺垫。可以说新中国的外交的光辉成绩，就是在尽可能地完善每一次国与国关系的处理上达成的。

古人云“一屋不扫，何以扫天下”，细微之处见精神！

中国台湾的忠信高级工商学校，以细节教育和道德教育为本。在这里，每年3000 多名毕业生中，因违反学校纪律被开除的学生有二三百人，这里没有校工、没有保卫甚至没有厨师，所有工种都由学生自己去做，30 年来却声誉不减。他们入学由学长带新，全校集合只要三分钟，从没有寒暑假作业却没有一个考不上大学，很多报纸的招聘广告都标明只要“忠信毕业生”，因为从他们学会随手捡起地上纸屑的那一刻起，就开启了成功的人生。

一旦确立了目标，就不能轻易放弃、随意更改，更不能以失败当借口；要抱持不达目的誓不罢休的恒心，坚定不移地努力，想办法去实现，尽心尽力地做好每一件事，可是很多人不愿意去努力，总是有意无意地放纵自己。殊不知，任何一件小事都可能致使我们与目标失之交臂。

“少了一枚铁钉，掉了一只马掌；掉了一只马掌，瘸了一匹战马；瘸了一匹战马，败了一次战役；败了一次战役，丢了一个国家。”这首数百年来代代相传，广为传唱的古老英格兰民谣，为我们叙述了一段真实又残酷的历史：

1485 年的冬季，波斯沃斯城郊的决战前夕，马夫在给查理三世的战马更换铁掌时，少了一枚钉子，一时寻觅不得，便草率地将就过去。结果在即将胜利时，战马失蹄趔趄，查理三世因此跌翻在地，导致军心大乱，慌作一团。战局扭转，亨利伯爵趁势大举反攻，转败为胜地将英格兰置于都铎王朝的统治之下，结束了 30 年的相互厮杀。历史无情，一颗铁钉的缺失，王冠易主了。

所谓千里之行，始于足下。合抱之木，生于毫末。其实，我们所做的每一件事都是对于自身素养的一次锻炼，都是成功的一次积累。这方面，唐代高僧鉴真就是个值得我们学习的榜样。

鉴真原修行于扬州大明寺，为应日本僧人的礼请，立志东渡传律。前五次都为风浪所阻，归于失败。特别是第五次，船只被大风一直吹到海南岛，弟子病死，鉴真本人也生病至双目失明。但他没有放弃志向，东渡的决心愈加坚决，毫不气馁。再次尝试，终于在唐天宝十二年第六次成功抵达奈良，把律宗传到日本。

没有谁能帮谁，能对未来负责的只有我们自己，只有走好脚下现有的路，才可能实现目标、达成理想。也许你不知道从何做起，那么不妨先有意识地锻炼自己去做一件小事，如果一件小事都做不好，能成就多大事业呢？何况大事都是由小事堆叠而成的。

也许中途，我们会像鉴真一样遇到各种各样的困难，也许会坚持不下去，也许事情比我们想象中复杂，用了心也不一定会成功，可是只要咬牙坚持下去，我们就有了成功的可能，而且就算失败，也必然不会遗憾，因为我们争取过。

找到自己人生的意义，尽心尽力做好每一件事，你心中的万丈高楼就会平地而起。

充满激情地面对每一分钟

在热情的激昂中，灵魂的火焰才有足够的力量把造成天才的各种材料熔冶于一炉。

——司汤达

虽然物质生活有所提高，但是很多人却总觉得生活缺少什么，干事情蔫蔫的缺乏激情、困惑、迷惘、不切实际，对任何事都没有热情，甚至觉得自己像一条濒临死亡的鱼儿，不知道未来该如何走下去，只能沉迷于安逸的环境，用上网、游戏、浏览新闻来消磨时光，每天过着慵懒的生活，把自己变得越来越孤独、越来越冷漠，失去了对目标的向往，丧失了斗志。看着周围的其他人在各种激励下，充满了激情去奋斗，也总会产生“他们真的会成功吗？他们这样做有意义吗？”之类的疑虑，自己更是不敢尝试。

在很久以前，有一位农夫，他拥有世界上最美丽的花园，橡胶丰富的橡树，高大挺拔的松树，一到秋季就结满果子的葡萄藤。可是有一天早晨，当他打理花园时，发现园中毫无生气，所有的花草树木全都凋谢，充满了衰败的景象。

农夫很是诧异，于是问花园栅栏边的树木：“你们怎么了呢？”橡树自怨自艾地说：“你看松树是那样的苍劲翠绿，而我呢？身上总流出黄稠的油，我不想继续活下去了。”松树沮丧地说：“我永远也不能像葡萄藤那样结果子，我恨自己。”

后来农夫依次得知，葡萄藤的伤心，是因为它终日匍匐在地，不能直立，又不能像桃树那样绽开美丽的花朵；牵牛花的苦恼，是因为它自叹没有紫丁香那样芬芳，似乎每棵树木都有垂头丧气的理由，它们都自觉不如别人。

只有一棵小草依然长的青葱可爱。于是农夫问它：“你为什么没有不高兴呢？”小草伸伸腰回答：“因为我每天都在努力，所以我很快乐。”

生活中难道不也是如此吗？也许我们只是一株小草，在人生的舞台上那么微不足道，可是斑斓的世界需要一株“橡树”、一棵“松树”，或者“葡萄藤”“桃树”，或者“牵牛花”“紫丁香”，也同样需要一棵没有一丝灰心、一毫失望的小草，**只有充满活力地尽情吸收阳光雨露，使自己天天成长，才能在未来的某一天突显出独特的魅力。**

也许你觉得世俗的成功取代了对理想的追求，周围的氛围那么聒噪，人人都变得满眼绿光，于是你把自己关起来，渐渐变得和周围的朋友疏远，再也找不到共同话题，不敢和他们分享你的阅读和知识，害怕被贴上深沉的标签，心里的激情慢慢地冷却，才不禁黯然。

候鸟妈妈有两个孩子，一天，它们兄弟俩在小溪边玩耍，却不幸被猎人用网捉走关进了笼子里。时间一天天过去，它们都没能逃跑却也不再哭泣。饿了的时候，猎人会捉来小鱼小虾给它们充饥；渴了的时候，猎人会送来甘甜的溪水给它们解渴。

吃饱喝足后，弟弟习惯卧在那里舒服地晒太阳和睡大觉。哥哥却总是劝它说：“好弟弟，别睡了。今天你还没有锻炼身体呢。这样下去以后会忘记怎么飞的。”候鸟弟弟很不屑：“哥哥，我们被关在笼子里恐怕这辈子再也没机会回到蓝天了，干吗要练习怎么飞翔呢？而且现在的生活也不错啊，多么随意。”

哥哥又耐心地说："虽然现在笼子很小不能展翅高飞，可是跑一跑扑腾一下翅膀也是好的。这样总会有机会的。"可是弟弟依旧我行我素。终于有一天，猎人喂食完忘记了关笼门。哥哥见机会来了，忙喊道："快跑！"说完，挥舞着更有力量的双翅飞上蓝天。

弟弟也跑出来，可是它的翅膀早已慢慢退化变小，不管怎么使劲就是飞不起来，最终又被猎人捉回到笼中。后来，候鸟哥哥成了鸟类中的旅行家——大雁，弟弟则成了家鸭。每当大雁整齐的队形飞过上空时，鸭子只能抬头羡慕的"嘎嘎"叫。

故事里的候鸟兄弟本是一母同胞，一起面临困境，结局却如此不同。这就告诉我们，父母赋予我们同样的生命，每个人也都会遇到困难，关键是看我们如何去看待。怎样成长是由我们的态度决定的，路必须自己走，要以积极的心态面对每一天，去发现、去创造。

人生永远不能止步不前，一个人只有找到自己的信仰，心里有所依靠，充满激情地面对每一天每一分钟，才能达成自己的理想。激情的获得可以是在运动中、在冥思中、在哲学中、在书籍典故中、在历史中、在社会劳动中、在家庭生活中，在我们想得到或想不到的任何地方殊途同归。

我们每天都必须默默地做一些喜欢或者不喜欢的事情，多么艰险的道路都不能被自己吓到，不要内心惶惶不可终日，必须充满信心地走下去。要知道，正是这一点一滴的行动，在慢慢地改变着世界。